여행수업

여행수업

초판 1쇄 인쇄일 2014년 4월 23일
초판 1쇄 발행일 2014년 4월 28일

글·사진 Terry L.동훈
펴낸이 양옥매
책임편집 육성수
교정 조준경
디자인 오현숙

펴낸곳 도서출판 책과나무
출판등록 제2012-000376
주소 서울특별시 마포구 월드컵북로 44길 37 천지빌딩 3층
대표전화 02.372.1537 팩스 02.372.1538
이메일 booknamu2007@naver.com
홈페이지 www.booknamu.com
ISBN 979-11-85609-28-7(03980)

이 도서의 국립중앙도서관 출판시도서목록(CIP)은 서지정보유통지원 시스템
홈페이지(http://seoji.nl.go.kr)와 국가자료공동목록시스템
(http://www.nl.go.kr/kolisnet)에서 이용하실 수 있습니다.
(CIP제어번호 : CIP2014012957)

여 행 수 업

글·사진 Terry L. 동훈

초록별 여행자들을 테리의 여행으로 초대합니다

책나무

인터뷰

"책 속의 이야기를 만들어 준 인물들은 여행 중에 어떻게 만났나요?"

"행복이나 사랑처럼 아주 가까이에 있었답니다. 멀리 있을 거라 생각했다면, 여행 중에 쉽게 만나지 못했을 거예요."

"제가 여행하면서 그런 사람들을 만나보지 못한 이유는 뭘까요?"

"그만큼 오랫동안 여행하지 않았기 때문일 수도 있고, 만나 보려고 적극적으로 노력하지 않았기 때문일 수도 있습니다. 한곳에 오랫동안 머물면서 천 명 이상의 사람들을 만나서 대화해 보면, 제가 만난 것보다 더 재미난 사람들을 도시마다 한 명쯤은 반드시 만날 수 있을 거라 생각합니다."

"오랜 시간 여행을 다니는 테리님을 보는 주변의 시선은?"

"사람들은 버릴 게 많은 사람들이 장기로 여행을 떠나면 대단하다고 하면서, 저처럼 평범한 사람들이 장기로 여행을 다니면 한심하다고 합니다. 미래가 보장된 안정적인 직장을 때려치우고 여행을 나온 사람들은 다시 돌아가도 잘나갑니다. 어쩌면 전보다 더 성공할 수도 있고요. 하지만 평범한 직장에 사표를 던지고 여행을 나온 사람들은 돌아가면 미래가 막막할 뿐입니다. 저는 그런 미래에 겁먹지 않고 떠날 수 있던 평범한 사람들의 용기와 결단이 돌아와도 잘나갈 사람들보다 더 가치 있고 대단하다고 생각합니다. 여행을 통해 평범했던 사람들이 자신의 꿈을 실현하는 경우를 많이 보았기 때문이죠."

"여행수업을 쓰게 된 동기는?"

"저는 가진 것도, 버릴 것도 없기에 아주 오랜 시간을 여행만 할 수 있었습니다. 세상이라는 학교에서 여행이란 수업을 통해 배운 것들을 사람들과 나누고 싶어졌습니다. 그때부터 제가 만나는 모든 것들을 사진으로 찍고, 글로 적기 시작했습니다. 저의 여행을 통한 배움 들이 다른 누군가에게도 배움이 될 수 있기를 간절히 바라며, 〈여행수업〉이라는 책을 만들었습니다. 책을 출판하는 건 경제적·시간적으로 손해만 볼 뿐, 돈을 벌 수 있는 가능성은 전혀 없다는 걸 알면서도 책을 출간한 건 나의 책이 누군가에게는 분명 도움이 될 거라는 믿음이 있었기 때문입니다."

"끝으로 할말은?"

"여행하며 다양한 종교를 접하다 보니, 말도 안 되는 신에 관한 이야기가 살짝 등장하기도 하는데 교인분들도 그냥 재미로 읽고 넘어가 주셨으면 좋겠습니다. 그리고 이야기 속에 등장하는 도시나 인물들의 상황이 수시로 변할 수 있다는 점과 저의 주관적인 생각이 많이 들어간 책이라는 점을 이해해 주셨으면 합니다."

CONTENTS

여행을 통해 받은 상처가 감당할 수 없이 커서,

두 번 다시 여행은 하고 싶지 않았다.

사랑을 통해 받은 상처는 또 다른 사랑을 만나 치유가 되듯,

여행을 통해 받은 상처 또한 여행으로 치유되기 마련이라고 생각하고,

또 다시 여행을 했다.

여행

이야기 보따리

할배의 보따리 안에 무엇을 숨겨 두었나요?
얼굴에 깊게 새겨진 세월의 훈장만큼이나
재미난 에피소드가 많이 들어 있는 보따리 같은데
어서 나에게 이야기보따리를 풀어 봐요!

이야기보따리가 비어 있어서,
맨날 똑같은 이야기만 반복하거나
어디서 주워들은 따분한 교훈을 이야기하는
사람들과의 대화는 조금도 즐겁지 않아요.

마르지 않는 샘처럼 보따리 안에서
매번 신선하고 다양한 이야기들이
술술 나오는 재미있는 사람들이 좋아요!

할배의 이야기보따리 안에는 어떤 놀라움이 있나요?

＊여행

나는 비어 있는 이야기보따리를 재미난 이야깃거리로
가득 채우기 위해 여행을 왔어요.

여기저기 살을 붙이고 부풀려서
여행철학까지 잘 섞어서 영웅담처럼
보따리 안에 꼭꼭 담아 두었다가

언젠가 이야기보따리를 풀었을 때
누군가 흥미로워 한다면, 그 여행은 성공한 거라 믿어요!

사람이 늙으면 결국에 남는 건, 이야기보따리 하나.

몹쓸 이야기는 이야기보따리에 담을 수 없기에,
이야기보따리의 무게가 곧 행복과 즐거움의 무게.

이야기보따리가 무거울수록 부자이고 행복한 사람!

지금부터 테리의 이야기보따리를 풀어 볼게요!

＊여행

사진 속 너를 만나러 가는 길

PART 1 고산족 그녀

긴 시간의 세계여행을 계획하고 떠나왔으나, 몇 개월 만에 탈출하듯 한국으로 도
망쳐 왔던 때가 있었다. 내 계획 속에 존재했던 나라를 한 군데도 제대로 가보지
못하고 여행은 끝이 났다. 여행을 통해 받은 상처가 감당할 수 없이 커서, 두 번
다시 여행은 하고 싶지 않았다. 사랑을 통해 받은 상처는 또 다른 사랑을 만나 치
유되듯, 여행을 통해 받은 상처 또한 여행으로 치유되기 마련이라고 생각하고,
또다시 여행을 했다. 그러나 세상에는 영원히 치유될 수 없는 상처 또한 존재하는
듯했다. 나는 정말 더 이상 여행을 하지 않기로 다짐했다.

누군가를 몹시도 간절히 사랑하게 되면, 사랑보다 더 큰 단어가 필요하게 된
다. '사랑해'라는 말 따위로는 나의 마음을 표현해 내기에 턱도 없이 부족하다고
느끼기 때문이다. 그때 받은 상처와 고통 또한 아직까진 그 어떤 말과 글로도 표
현하기 힘들다.

어느 날 나는 여행전문가 애니쿽의 페이스북을 통해 한 장의 사진을 보게 되었다. '짱돌남'이라 불리는 그 아이의 사진 한 장은 나에게 이유를 알 수 없는 깊은 감동을 주었다. 사진 속의 아이가 나에게 끊임없이 말하고 있었다.

"어서 나를 보러 와 줘."

다시는 여행을 하지 않겠다고 다짐했던 나는 결국 사진의 부름에 이끌려 그 아이가 살고 있다는 베트남 사파라는 도시로 즉시 날아갔다. 단지 짱돌남을 만나기 위해서.

새벽에 사파라는 낯선 도시에 도착하자마자 나는 온 동네를 뒤졌다. 앞산도 넘고, 뒷산도 넘어 봤지만, 짱돌남은 만날 수 없었다. 그렇게 짱돌남을 찾아 방황하던 나에게 등에 아이를 업은 예쁘장한 외모의 고산족 여인이 다가와 물건을 사라고 해서 나이를 물어보니, 그런 건 알아서 뭐하냐고 대답한다. 아이의 아빠는 어디에 있는지 물었더니, 모른다고 대답했다.

피곤에 쩌든 얼굴과 충혈된 눈. 등에 업은 아기의 무게도 감당하기 힘들어 보이는 작고 왜소한 몸매의 고산족 그녀

＊여행

본인이 예쁘게 생긴 건 아는지 묻자 "그럼 나랑 섹스 할래?"라고 되묻는다. 등에 아이를 업고 있는 고산족에게 그런 말을 들을 거라곤 상상도 못했다. 남자만 보면 다 그러냐고 묻자 "네가 예쁘다고 하니까"라고 대답한다.

카메라를 들어 사진을 찍으려 했더니, 안 된다고 거절한다. 하지만 이미 사진은 찍혔다. 물건을 사주면 사진을 찍어도 되는지 묻자 고개를 끄덕거린다. 난 짱돌남이란 아이를 찾고 있다고 말했다. 짱돌남의 거주지로 나를 안내해 준다면, 물건 한두 개쯤은 사주겠다고 말했다.

그녀는 사파의 지도가 그려져 있는 곳으로 나를 데려갔다. 손가락으로 이곳저곳을 짚어가며, 트랙킹 코스와 시간을 말해줬다. 그리고는 가방 하나를 내밀며, 터무니없이 비싼 가격을 요구했다. 여행사에서 트랙킹 신청하는 게 훨씬 싸겠다고 말했더니, "난 물건을 파는 것뿐이고, 길안내는 서비스일 뿐이야." 라고 대답한다. 일단 배가 너무 고프니 함께 밥을 먹으러 가자고 했다. 난 그녀가 데리고 간 고산족 추천 맛 집에서 식사를 했고, 고산족 추천 카페에서 커피까지 마셨다. 그녀는 내가 밥을 먹고, 커피를 마시는 동안에도 계속해서 물건을 꺼내 보여주기에 바빴다.

속세에 찌들어 웃음을 완전히 잃어버린 듯 보이는 고산족 그녀의 웃는 얼굴이 보고 싶었던 나는 지금 물건 하나를 사줄 테니, 한번만 활짝 웃어달라고 말했다. 그녀는 돈 받기 전까지 웃을 수 없다고 대답한다. 쓸모없는 물건을 구입하고 나서야 그녀가 웃는 모습을 볼 수 있었다. 난 그녀에게 웃으니까 정말 예쁘다고 말하며 항상 웃고 다니라고 말했다.

고산족 그녀가 트랙킹을 시작하자고 말했다. 난 아무리 생각해도 너무 비싸다는 생각에 그녀의 안내를 거절하고 혼자서 짱돌남을 찾아 나섰다. 그날은 그렇게 그녀와 헤어졌지만, 사파에 머무는 동안 숙소 앞에는 항상 그녀가 있었기에 우리는 매일 만날 수 있었다. 그때마다 고산족 그녀는 나를 보면 반갑게 웃어주었다.

그녀의 웃음에 나는 행복해졌다. 그런 웃음을 보고 좋아하는 나에게, 그녀는 언제나 웃음의 대가로 물건을 구매하라고 했다. 나는 그녀를 만날 때마다 아무런 쓸모가 없는 물건들을 구입했다. 그녀에게 구입한 물건들은 나에게 아무런 만족도 주지 못했지만, 그녀의 웃음은 나에게 커다란 만족과 행복을 주었다. 난 결국 쓸모없는 물건을 산 것이 아니라, 그녀의 웃음을 돈 주고 산 것이다. 돈으로 구입한 그녀의 웃음에 내가 행복해지는 것처럼, 행복은 돈 주고 얼마든지 살 수 있는 거였나 보다.

물건을 구입하니 활짝 웃어준 고산족 그녀

*여행

웃음을 파는 고산족과 헤어진 후, 또 다른 고산족 여인을 만났다. 여전히 짱돌남을 찾아 산 넘고 물 건너 방황할때, 큰 도움을 주었던 그녀는 때 묻지 않은 순수한 웃음과 따뜻함으로 나를 이용했다.

내가 쳐다볼 때마다 수줍은 듯 웃음 짓던 고산족 그녀. 나에게 그토록 친절하고 따뜻하게 대해 준, 착한 그녀가 고마웠다. 나에게 따뜻하고 친절하게 대해 주면, 아무리 다른 의도를 가지고 접근한 사람이라 할지라도, 그 사람을 좋아하게 된다. 그녀가 급하게 자신의 속셈을 먼저 내보였다면, 난 분명 나에게 관심이 있는 것이 아니라, 자신의 욕심을 채우는 데 급급할 뿐인 그녀를 좋아하지 않았을 것이다.

나에게 무척이나 친절했던 고산족 그녀

그다지 잘하지 않는 영어실력으로 나를 따라다니며, 내가 만나고 있는 모든 것들에 대해 애써 설명하려 노력하던 그녀의 모습이 귀엽게 보였다. 걷다가 멋진 풍경이 나올 때마다 함께 사진을 찍고 싶다며 같이 찍기도 했고, 나를 찍어 주겠다며 내 카메라를 가져가 찍어 주기도 했다. 딱히 기대했던 건 아니지만, 그녀가 찍어 준 사진 속의 나는 멋진 풍경 속에 잔인하게 머리만 잘려 있거나, 머리가 통째로 잘리고 하체만 찍혀 있는 게 대부분이었다. 사진이 어떤지 묻는 그녀에게 나는 사진을 아주 잘 찍는다 말하며, 그녀가 가진 탁월한 감각과 재능을 칭찬해 줬다. 나의 칭찬에 그녀는 신이 났는지 나의 카메라를 가지고 여기저기 찍어대느라 바빴다. 정말 대단한 감각이 아닐 수 없다. 어떻게 단 한 장도 내 모습을 온전히 찍지 못하는 걸까?

그녀는 지나가다 예쁜 꽃들이 보일 때마다 하나둘씩 모아서 엮은 꽃다발을 나에게 선물이라면서 수줍은 듯 건네주었다. 뛰어난 손재주로 풀들을 엮어 순식간에 다양한 동물들과 하트 모양의 장식물을 만들어 주기도 했다.

고산족 그녀가 만들어 준 하트와 동물

나는 베트남에 오자마자 사기당해 큰돈을 날렸고, 핸드폰을 소매치기 당했다. "베트남은 사기꾼과 도둑놈들만 가득한, 세상에서 가장 끔찍한 나라야!"라고 했던 생각들은 그녀를 만나고 나서 부끄럽게 느껴지기 시작했다.

몹시 오랜만에 느껴보는 친절함과 따뜻함에 고마워진 나는 그녀에게 좋은 친구가 되어주고 싶었다. 사파에 있는 동안 다양한 종류의 고산족 여인들과 본의 아니게 매일같이 데이트를 즐겼지만, 나에게 가장 친절했던 그녀가 제일 좋았기에 그녀가 만족할 때까지 기꺼이 이용당해 주었다. 최대한 나를 이용하도록 자발적으로 배려해 줄 수 있었던 건, 그녀가 나에게 그 무엇과도 바꿀 수 없는 좋은 선물을 주었기 때문이다.

그 선물은 바로 친절함과 웃음이다.

그녀는 원래 트래킹 할 때 여행자들에게 따라붙어 친절하게 안내를 해주는 고산족이었다. 트래킹 하는 동안 여행자 중에 한 명을 골라 친해진 뒤에 물건을 파는 게 그녀의 일이었다. 여행사에서 돈을 받고 여행자들을 안내하는 게 아니기 때문에, 자신이 사는 마을까지 여행자들을 데리고 가서 물건을 팔아야만, 간신히 생계를 유지할 수 있었다.

트래킹 하는 동안 친해졌거나 받은 선물이 있다면, 쉽게 거절할 수 없는 여행자들의 심리를 이용해야만 물건이 팔리기 때문에, 물건을 사라는 말은 트래킹이 완전히 끝날 때까지 아껴 두고 우선은 여행자들과 친해지는데 최선을 다해 노력한다.

구입 여부는 본인의 자유이기 때문에 꼭 사줄 필요는 없지만, 사진도 찍고, 이야기도 나누고, 선물까지 받아 놓고 물건 사라고 할 때 사주지 않는다면, 서로가 몹시 불쾌해진다. 쓸데없는 물건을 사고 싶지 않다면, 친절한 고산족들을 만났을 때 무조건 친절을 거부하고 무시해야만 한다. '물건을 팔 수도 있겠구나!' 하는 기대감을 준 이후에 어렵게 사는 그녀들의 기대를 무너뜨리고 슬픔을 주게 된다면, 그 슬픔들이 언젠가 자신에게 되돌아올 게 분명하기 때문이다.

고산족들은 바보를 한눈에 알아보는 탁월한 재주가 있는 것 같다. 나같이 어리바리해 보이고 어딜 봐도 바보로 보이는 사람을 멀리서라도 발견하게 되면, 서로 자기가 날 찜했다며 한바탕 싸움이 벌어진다. 싸움에서 이긴 고산족이 나에게 다가왔을 때, 난 언제나 고산족들의 사람 보는 눈은 조금도 틀리지 않음을 확실하게 입증시켜 주었다.

그렇게 쓸모없는 물건들을 왕창 샀다가, 돌아갈 때쯤엔 대부분 다 버리게 된다. 그래도 어려운 환경에서 살려고 노력하는 고산족들에게 보탬이 되었다면, 나는 그걸로 만족한다.

＊여행

사람들을 기쁘게 만드는 재주가 없는 내가 그녀들에게 기쁨을 주었다면, 나 또한 기쁘다. 누군가에게 기쁨을 줄 수 있다는 건 참으로 행복한 일이다. 나를 통해 잠시나마 그녀들이 진심으로 행복했기를 바랄 뿐이다. 힘들게 사는 그녀들에게 내가 조금이나마 도움이 되었을지도 모른다는 생각을 할 때마다 나는 행복해진다.

난 그녀에게 받은 친절이 진심으로 고마웠다. 만약 물건이라도 사 줄 수 없었다면, 빚을 진 것 같은 기분이 들어 너무나 미안했을 것 같다. 나를 미안하게 만들지 않은 그녀의 배려가 더 고맙게 느껴졌다. 나도 뭔가를 해줄 수 있는 기회를 제공한 그녀에게 진심으로 감사했다. 그녀가 나를 기쁘게 해주었고, 나 또한 그녀를 기쁘게 해주었다면, 우리의 짧은 만남은 충분히 가치 있고, 아름다웠던 거다.

그녀의 집 앞에서 우리는 헤어졌다. 그 동네에서 난 또다시 짱돌남을 찾아 헤매기 시작했다. 새벽부터 쉬지 않고 걸어 다닌 탓에 나는 몹시 지쳐 있었다. 날도 조금씩 어두워지기 시작했다. 짱돌남 찾는 걸 포기해야만 했다.

어딘가에서 물소리가 들렸다. 언덕길 아래 있는 강에서 고기 잡는 아이들이 보였다. 그 아이들을 가까이 구경하면서, 담배나 먹고 숙소로 돌아가야겠단 생각으로 강 쪽으로 내려갔다. 그때 두 아이가 분홍색 비닐봉투를 타고 소리를 지르며, 언덕을 내려오는 게 보였다.

그 아이는 분명 내가 그토록 찾던 짱돌남이었다. 사진 속에서 그토록 애타게 나를 부르던 짱돌남이었다. 너무도 반가워 그 아이에게 뛰어가 말했다. "너구나!" 짱돌남은 나에게 아무런 관심이 없다는 표정으로 나를 무시하고 가 버렸다.

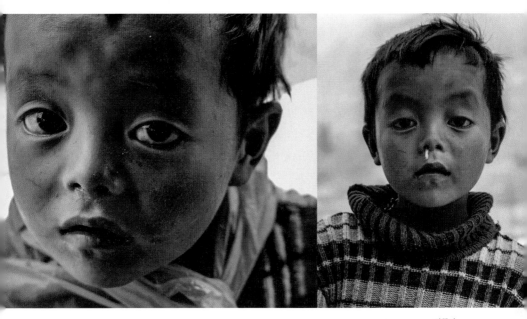

짱돌남

예전에 멋진 풍경을 담은 사진을 본 후에, 그곳에 가보고 싶은 욕망에서 벗어나지 못했던 때가 있었다. 그리고 직접 사진 속 풍경을 만났을 땐 감동보단 실망이 더 컸다.

짱돌남이 그토록 보고 싶었던 이유는 어쩌면 다시 여행을 나오기 위한 핑계였을 뿐인지도 모른다. 이유야 어찌되었건 내가 짱돌남을 직접 만났을 땐 말로 표현할 수 없을 만큼 벅찬 감동이 밀려왔다.

*여행

짱돌남은 언덕으로 뛰어 올라갔다가 다시 분홍색 비닐봉투를 타고 내려왔다. 난 짱돌남에게 십 원짜리 동전 하나를 줬다. 동전을 받아든 짱돌남은 당장이라도 하늘을 날아갈 듯 기뻐했다. 단돈 십 원으로도 누군가를 이토록 기쁘게 할 수 있다는 사실에 내가 더 신기하고 놀라웠다.

그렇게 짱돌남을 만난 후 숙소로 돌아가는 길을 물었던, 황금이빨을 박은 고산족 여인에게서 난 몹시도 슬픈 사연을 들었다. 그녀의 이야기를 듣는 동안 나는 깊은 슬픔에 잠겨 그녀에게서도 많은 물건을 구매해야만 했다. 그녀가 물건을 팔기 위해 꾸며낸 이야기가 분명했고, 동정심을 유발해 돈을 벌려는 수작임을 알지만, 그래도 가슴이 아픈 건 어쩔 수가 없었다. 간신히 눈물을 참으며 집으로 돌아가던 나는 울고 있는 어린아이를 안고 있는 고산족 소녀를 만났다. 그 모습이 전혀 슬프지도 않은데, 피곤해서 하품을 한 것도 아닌데도 식어 빠진 눈물이 한 방울 흘러내렸다. '하루가 이렇게 길 수도 있구나!' 하는 생각이 들었다.

결국, 여행으로 받았던
지난 상처들은 여행을
통해 조금씩 치유되어
가고 있었다.

고산족 소녀

＊여행

여행이 아름다운 건, 적당한 쉼이 있기 때문이다.

잉여인간들의 잉여로운 휴식

여행자 프라카쉬 Ⅰ

PART 1 여행

점쟁이가 해외에 나가면 죽을지도 모른다고 했던 시기에 난 그 말을 무시하고 마날리에 가 있었고, 느닷없이 온몸에 열이 나기 시작하면서 쓰러져 버렸다. 근처에 머물며 작품을 만들고 있던 천재 화가 지매양이 나에게 약도 사다 주고, 물과 먹을 것도 가져다주었다. 누워서 사경을 헤매다 일주일쯤 지나 간신히 물을 사러 밖으로 기어 나왔을 때 현지인 한 명이 귀찮게 말을 걸어왔다.

바쉬쉿 숙소

"넌 어디서 왔니? 이름이 뭐야?"

여행 중에 가장 자주 받게 되는 이런 뻔한 질문에 답변하는 것만큼 귀찮은 일도 없기에, 무시하고 그냥 갔다. 그런데 다시 와서 묻는다.

"난 프라카쉬야! 넌 이름이 뭐니?"
"테리."
"테리?"
"그래."
"난 마날리에 사는데, 넌 어디서 왔니?"
"한국."
"난 지금 여행 중인데, 너도 여행 중이니?"
"난 그냥 쉬고 있어. 근데 넌 마날리에 산다면서 무슨 여행 중이라는 거야?"
"어디를 여행하고 있는지가 중요한 게 아니야! 여행자의 마음으로 가는 곳이면 어딜 가든, 어디에 있든 다 여행 중이라고 할 수 있지! 여행을 나와도 마음이 여유롭지 못해서 마음이 여전히 한국에 있다면, 그건 한국에 있는 거야! 마음이 머무는 곳이 존재하는 곳이니까! 몸과 마음이 모두 온전하게 마날리에 머물지 않는다면, 마날리를 여행한다고 볼 수 없어! 여행이 끝나고 돌아가서 또다시 여행을 떠나고 싶다면, 나처럼 여행자의 마음으로 여유롭게 주변을 둘러보도록 해! 그렇게 하면 넌 여전히 여행 중이라는 사실을 깨닫게 될 거야!"
"누구나 알고 있는 아주 뻔하고 식상한 이야기면서, 말도 안 되는 소리를 참 길게도 하는구나."
"뭐라고?"
"여행 와서 온전하게 현재의 여행지에 존재할 수 있는 인간은 세상 어디에도 없어! 언제나 이런 저런 쓸모없는 생각들에 빠져서, 어디에서도 온전히 존재하지 못하기에 인간인 거야! 여행지에서조차 여행자의 마음으로 둘러보지 못하는 게 보통의 인간인데, 넌 네가 살고 있는 동네를 여행자의 마음으로 둘러본다는 게 말이 된다고 생각해?"

"말은 안 되지만, 사실이야!"

그리고 며칠 뒤 올드 마날리에서 다시 프라카쉬를 만났을 때, 그는 등에 무언가를 짊어지고 이동 중이었다. 내가 "일하고 있어?"라고 묻자 그가 대답했다.

"아니! 여행 중이야!"
"일하는 것 같은데?"
"여행을 위해 일을 하는 것도 여행의 일부야!"
"얼마나 일하는데?"
"딱 여행 경비를 마련할 수 있을 만큼만 일해!"
"곧 그만두겠네?"
"난 언제나 곧 그만둘 생각으로 일을 시작하지! 잠깐 벌어서 부지런히 놀려면 바빠!"
"돈은 안 모아?"
"나에겐 시간이 유일한 재산이야!"
"오, 멋지네! 수고해!"

올드 마날리에서 바쉬숏의 오원식당까지 걸어가는 길에 마날리의 똥개들이 많이 보였다. 뭐, 개들이 그다지 건전해 보이진 않는다.

깔끔하고 맛있는 음식, 친절하고 따뜻한 오원언니와 예쁜 아이들이 있는 바쉬쉿의 오원식당에 도착했다.

오원언니의 아이들은 정말 예쁘다.

조애 시우

＊여행

다음날 나는 바쉬쉿에 있는 온천에 갔다. 바쉬쉿의 온천은 남탕과 여탕으로 구분되어 있지만, 천장이 없어서 위에서 내부가 들여다보이는 구조다. 여탕이 잘 내려다보이는 전망 좋은 숙소들은 남성들에게 인기가 많다. 처음에는 조금 더러워 보이는 듯한 이런 온천에 거부반응이 들었지만, 한번 이용해 보니 물도 좋은데, 공짜라서 자주 가고 싶어졌다. 뜨거운 물로 씻고 나와서 탕에 몸을 담가 볼까 고민하던 중에 프라카쉬가 탕 속에서 나오면서 인사를 했다.

"안녕, 친구! 난 다 씻었으니, 먼저 가 볼게."
"어디 가?"
"여행!"
"넌 맨날 동네만 여행하고, 다른 덴 가고 싶지 않아?"
"여행은 어디를 가느냐보다는, 얼마나 자유롭게 시간을 보냈는지가 중요한 거라고!"
"고작 동네에서 자유로워 봤자지!"

"먼 곳으로 벗어나야만 자유로운 게 아니야! 여행은 돈으로부터 벗어나 자유로울 수 있어야 해! 내가 먼 곳을 여행하려면, 1년 동안 죽어라 일만 해야 할 거야. 난 언제나 돈 걱정 없이 자유롭게 여행해. 돈 떨어지면 잠깐씩 일할 수 있으니깐, 돈으로부터 어느 정도는 자유롭다고 볼 수 있지."

"돈 걱정 없이 가고 싶은 곳을 다 갈 수 있어야만, 돈으로부터 자유롭다고 말할 수 있는 거야!"

"난 돈이 많더라도, 딱히 가고 싶은 곳이 많지 않아! 여기저기 많이 돌아다니는 것보단, 하나의 동네라도 꼼꼼하고 깊이 있게 관찰하는 게 나에겐 더 가치가 있으니깐."

"그럼 너의 기준에서 볼 때 마날리에 잠깐 들르는 여행자들은 깊이가 없으니, 마날리를 여행한 것도 아닌 거네?"

"마날리를 여행지로 선택하고 잠깐 보고 '휙' 가는 사람은 그런 사람대로 보는 게 있고, 나처럼 여기서 평생을 사는 사람은 여기서 계속 살고 있는 대로 볼 수 있는 게 다른 거야."

*여행

그 말을 마치고 프라카쉬는 가 버렸다. 난 온천을 마치고, 삼림욕을 하기 위해 올드·마날리의 산림 보호구역으로 향했다. 그곳은 입장료를 받는 사람이 있으면 5루피를 내야 하고, 사람이 없으면 공짜로 들어갈 수 있다.

올드 마날리 산림 보호구역

삼림욕을 하고 있는데, 어디선가 프라카쉬가 다시 등장해서 나에게 말을 걸었다.

"친구! 오늘따라 행복해 보이지 않는데 뭔 일 있어?"
"방금 전에 만났으면서, 그건 또 무슨 말이야?"
"그냥 딱히 뭐라고 말 걸지 떠오르지 않아서 그렇게 물어봤어."
"정말 심심한가 보구나! 너도 딱히 행복해 보이진 않네!"
"난 행복하게 살기 위해 태어난 게 아니라, 자유롭게 살려고 태어난 인간이야! 그래서 열심히 노력하며 살수록 불행해지기 때문에, 조금만 일하고 돈을 아껴가면서 자유롭게 살고 있어! 여행하다 보면 가끔씩 행복을 느끼곤 하지만, 항상 행복한 건 아니야."

"그래서 넌 동네만 여행하면서 살아도 행복을 느낀다는 거지?"

"여행에서의 행복은 멋지고 새로운 것들을 많이 보는 것보단, 얼마나 마음에 맞는 일행들과 여행을 했는지가 결정하는 거야!"

"그래서 넌 누구랑 여행하는데?"

"언제나 새로운 친구들."

"그니깐 누구?"

"마날리로 여행 온 외국인 여행자들과 함께 여행하지!"

"한국인들도 있었어?"

"거의 없었어. 한국인들은 한국인들끼리 뭉쳐서 같이 다니는 걸 더 좋아하는 것 같더라고! 근데 이런 새로운 환경에 와서 한국인들하고만 다닌다면, 그냥 한국여행을 하는 것하고 뭐가 다르지? 눈으로 볼 수는 있어도, 아무것도 배울 수 없을 거야! 그런 사람들은 분명 새로운 걸 봐도 편견을 가지고 볼 거라고."

"그래서 외국인들과 어딜 여행하는데?"

"세계 일주!"

"마날리에서 세계 일주를 한다고?"

"난 다른 나라의 친구들에게 그들이 경험한 다양한 세상의 이야기들을 많이 들어."

"그런 게 너에겐 세계 일주라는 거야? 그게 너한테 무슨 도움이 되는데?"

"많은 도움이 되지. 그들의 말을 들으면서 새로운 문화와 가치관을 접할 수 있고, 내가 그들에게 마날리에 대해 알려 줄 때면, 나 또한 마날리에 대한 새로운 사실들을 알게 되거든."

"그래서 요즘은 누구랑 여행 중이니?"

"너!"

"내가 언제 너랑 여행했어?"

"지금 가자!"

＊여행

"혹시 폭포에 가려는 거면, 난 이미 가 봤어!"
"나와 함께 가는 폭포는 또 다른 맛일 거야!"
"그러니까 폭포에 가는 거네?"
"뭐, 대충 그런 셈이지"

강아지들이 뛰어오자 그가 말했다.

"인사해! 이들은 '멍'가이드야! 폭포까지 길을 안내해 줄 거야!"
인사는 했지만, 강아지들은 길 안내에는 조금도 관심이 없어 보였다.

폭포를 가는 길에는 공중부양을 연습하는 사람도 있었다.

폭포에 도착하자 프라카쉬는 웃통을 벗고는 멍하니 앉아서 명상을 했다.

＊여행

잠시 후 팬티만 입더니, 얼음보다 더 차갑게 느껴지는 물에 뛰어들고선 말했다.

"테리, 빨리 들어와! 수영하자!"
"싫어!"
"눈으로 보기만 한다면, 텔레비전으로 보는 것과 전혀 다를 바 없어! 직접 들어가서 몸으로 느껴야만, 와 봤다고 말할 수 있는 거야!"
"헛소리 그만해! 나 집에 갈래!"

바쉬섯 폭포

현지인들은 차가운 물에 잘도 뛰어들었다. 갑자기 피곤이 몰려와서 혼자서 집에 돌아가려는데, 프라카쉬가 나에게 같이 가자며 옷을 급하게 챙겨 입고 뛰어왔다.

"잠깐만! 이 근처에 사람 얼굴과 똑같이 생긴 거대한 바위가 있어! 그것만 보고 가!"
"관심 없어!"
"그 바위 주변에는 말하는 동물들이 살고 있어!"
"말하는 동물이 있다면, 벌써 누군가 잡아갔겠지!"
"오직 나만 알고 있는 비밀장소라서 그건 불가능해."
"앵무새 같은 건 아니겠지?"
"일단 조용히 따라오면 알 수 있어!"
"설마 너 이런 걸 가이드 해준 거라면서, 돈 달라고 할 건 아니지?"
"함께 여행하고 있는데, 무슨 돈이야! 진정한 여행자라면, 다른 모든 여행자들에게 친절을 베풀 줄 알아야 하는 거야! 돈을 바라고 여행한다면, 그건 여행이라고 할 수도 없어!"

나는 프라카쉬를 따라 거대한 사람 얼굴 바위와 말하는 동물을 보기 위해 험난한 길을 가기 시작했다. 그런데 아무리 봐도 도무지 길이 없어 보여서 내가 말했다.

"이건 길이 아닌 것 같은데?"
"내가 가면 그때부터 길이 되는 거야!"
"이쪽으로 가는 게 정말 맞는 거지?"
"안 가 봤어!"
"뭐야! 그럼 뭐가 나올지도 모르잖아!"
"무엇이 나올지, 어떤 일이 생길지도 모르기 때문에, 여행의 설렘을 만끽할 수 있는 거지! 그냥 즐겨."

"여기 길이 너무 험악한데?"

"가치 있는 여행이 쉬울 거라고 생각했어?"

"대체 얼굴 바위는 언제 나와?"

"길을 잘못 왔나 봐!"

"뭐?"

"대신 재미난 경험을 했잖아! 그걸 그냥 즐겨!"

"아, 짜증나!"

"저기 있네! 얼굴 바위."

"이게 어딜 봐서 사람 얼굴이라는 거야?"

"보이는 대로만 보지 말고, 깊이 있게 잘 관찰해 봐."

"그런 바위는 애초에 없었던 거지?"

그 녀석은 핸드폰을 꺼내서 자신이 예전에 찍었던 얼굴 모양의 바위 사진을 나에게 보여 줬다.

"말하는 동물 동영상도 보여 줘!"
"그건 없어."
"왜?"
"촬영을 하면, 부끄럼을 타는 건지 애들이 말을 안 하거든."
"거짓말 좀 그만해!"
"네가 눈으로 직접 보지 않았다고 해서 존재하지 않는 건 아니야."
"그런 말 듣고 싶지 않아!"
"앗, 저기도 한 마리 있네!"

프라카쉬는 나의 화를 풀어 주려는 건지, 동물을 한 마리 잡더니 말을 하라고 강요했다.

"어서, 말을 해!"

계속된 협박에도 동물은 아무런 말도 하지 않았다. 십여 분을 동물을 잡고 흔들다가 지친 프라카쉬가 말했다.

＊여행

"아무래도 외국인 앞에서는 말하기가 싫은 모양이야."

"그러니깐 나 때문에 동물이 말을 안 한다는 거지?"

"응."

"넌 참 이상한 놈이야!"

"나를 특별하게 봐줘서 정말 고마워. 근데 너도 정말 이상한 놈이야!"

나는 결국 얼굴 바위도, 말하는 동물도 만나지 못하고 산에서 내려왔다.

산에서 내려와 내가 숙소로 돌아갈 때 프라카쉬가 말했다.

"테리, 오늘 꽤 멋진 여행 아니었어?"

여행하며,
사랑하며,
살아가며.

사랑

상대에 대한 낭만적인 착각은 오랜 시간 동안 사랑을 유지시켜 준다.

긍정적인 착각 속에 빠져 사는 사람은,

착각하지 않는 사람보다 더 행복하다.

그러므로 착각은 꿈을 이루고, 행복한 인생을 사는데 필수다.

사랑의 맛

"사랑은 어떤 맛인가요? 내가 지금 빨아먹고 있는 셰이크보다 달콤한가요?"

"먹는 사람마다 다른 맛이란다."

"천 명의 사람이 사랑을 먹고 있다면, 천 개의 맛이 존재하겠네요?"

"그건 아니야."

"왜요?"

"먹을 때마다 맛이 다르니까."

"오! 아주 재미난 맛인가 봐요?"

"맞아! 흥미진진하고 짜릿한 맛이지!"

"내가 지금 먹고 있는 셰이크처럼 첫 맛은 달콤하지만, 먹다 보면 너무 달아서 금방 질리나요?"

＊사랑

"계속 달콤하다면 좋겠지만, 달콤하면서도 맵고, 짜고, 싱거워. 모든 맛들이 오묘하게 뒤섞여 있으니, 진정한 맛의 결정판이라고 할 수 있지!"

"나도 먹어 볼래요! 어디 있어요?"

"어디에나 있어. 네가 모를 뿐이지! 먹을 땐 몹시 아프고, 쓰디쓴 고통도 같이 먹어야 해."

"아, 몹쓸 맛이었군요! 안 먹을래요!"

"안 먹고 싶다고 안 먹을 수가 없다는 사실을 알게 되면서, 넌 어른이 되어 가는 거란다."

"그럼 아프고 쓴맛은 빼고 맛볼래요!!"

"그건 안 돼! 하늘의 별이 아름다운 건, 어둠이 존재하기 때문이듯, 반딧불이 그냥 벌레가 아니라 예쁜 벌레가 되는 것도 어둠 때문이듯, 사랑이 맛있을 수 있는 것 또한 고통이란 소스를 찍어 먹기 때문이야!"

"대체 어떤 맛인지 말만 들어선 짐작도 안 가요!"

"안 먹어 봐서 모를 때는 큰 기대감이 생길 거야. 근데, 무엇을 기대하든 네가 원하고 기대하는 맛은 절대로 충족될 수 없어. 어쩌면 사람들은 다들 알면서도 "이번 사랑만큼은 완벽하게 원하는 맛일 거야"라고 착각하고, 먹은 뒤에 배탈이 나거나 체하기도 하지. 그러면서도 계속 먹으려 하는 이유는 한번 맛들이면, 중독성이 몹시 강해서 없으면 못살게 되기 때문이지."

"두고두고 천천히 먹어도 되나요?"

"물론 그래도 되지만, 유통기간이 몹시 짧은 것도 있고, 시중에는 가짜 사랑도 넘쳐나기 때문에 속아서 잘못 먹으면, 심각한 부작용이 생기니 먹을 때 항상 조심해야 해!"

"음…… 역시 안 먹을래요!"

때론 맵고, 쓰고, 아프더라도 사랑은 여전히 먹을 만하다.

＊사랑

영원한 사랑

모든 사랑이 이루어지는 마법의 공간

스리랑카에 도착하자마자 콜롬보에서 '골'이라는 바닷가 마을로 곧바로 이동했다. 스리랑카는 아무런 정보 없이 여행하기 좋은 나라다. 그냥 호객꾼만 따라가면, 싸고 좋은 숙소를 구할 수 있으니 말이다. 물론 모든 호객꾼이 항상 도움이되는 건 아니었지만, 따라가서 비싸거나 마음에 들지 않을 땐 다른 곳을 알아보면될 뿐이었다. 밤늦게 도착해 호객꾼을 따라간 숙소가 마음에 들어 가격을 흥정하고 바로 잠이 들었다. 다음날 오전 5시 30분 눈부신 햇살에 잠에서 깨어났다. 전날 밤늦게 도착했기에 아직 '골'이라는 동네를 전혀 둘러보지 못했다. 빨리 둘러보고 싶은 기대감에 씻지도 않고 밖으로 나갔다.

소녀들이 꽃을 들고 있는 모습이 보였고,

피오나 공주와 슈렉이 사랑을 나누고 있는 모습도 보였다.

청소부가 부지런히 청소를 하고 있는 모습도 볼 수 있었다.

스리랑카는 초등학생 때부터 영어 수업을 받기 때문에 청소부까지도 영어를 유창하게 구사한다. 초등학교에서 대학까지 교과서도 무상 지급하고, 학비도 전액 무료다. 의대 학비도 공짜고, 국립병원도 공짜이기 때문에 몸이 아픈 사람은 무료로 치료를 받을 수 있다. 일을 안 해도 먹을 게 풍부하기 때문에, 일하려는 의지가 없는 사람들도 많다.

청소부가 나에게 말했다.

"지금 당신이 서 있는 자리가 어떤 곳인 줄 아시오?"

내가 무슨 말인지 모르겠다는 표정으로 눈살을 찌푸리며 쳐다보자, 나의 표정 따위 관심 없다는 듯 청소부는 계속 말했다.

"당신이 서 있는 그곳은, 누구라도 사랑이 이루어지게 하는 특별한 장소요."

청소부는 내가 특별한 장소에 서 있다는 이유만으로, 특별한 사연을 이야기해 주기 시작했다.

아주 오래전 내가 서 있는 자리에서 대규모 공사가 진행된 적이 있었다. 미세한 진동이 땅을 흔들고 있었고, 이따금씩 커다란 진동이 일어나 동네 사람들이 놀라곤 했다. 지금 내가 서 있는 곳과 같은 자리에서 한 여자를 바라보며 서 있던 청년이 있었다. 청년은 터질 듯한 심장의 두근거림을 느끼며 그걸 사랑이라 착각했고, 결국 그 여인을 따라가 첫눈에 반했다며 사랑을 고백했다.

외적 요인에 의한 심장의 두근거림을 사랑으로 착각하게 되면, 두근거림이 만든 감정은 대부분 실제 사랑으로 이어진다. 사랑에 대한 착각은 처음 만난 그녀에 대한 환상을 불러왔다. 그녀는 완벽한 자신의 이상형이었고, 둘은 너무도 쉽게 사랑에 빠져 버렸다.

어느 날 청년은 그녀가 자신에 대해 착각하고 있는 부분들에 대한 불안감이 생겼다. 그녀가 아직 알지 못하는 자신의 진실을 알게 되면, 그녀의 사랑이 깨질지도 모른다는 두려움에 사로잡힌 것이다. 하지만 먼저 착각이 깨진 건 청년이었다. 그녀가 완벽한 여자가 아니라는 걸 깨닫고 만 것이다. 그녀 또한 착각에서 깨어나면서, 둘의 사랑은 그렇게 끝이 났다.

청년은 그녀를 처음 만났을 때 자신의 심장이 뛰었던 건, 그녀를 보고 사랑에 빠져서가 아니라, 당시의 공사로 인해 발생한 진동이 주는 공포감이 뛰게 만들었을지도 모른다고 생각했다. 고백할 때는 거절에 대한 두려움으로 심장이 뛰었고, 만나면서는 자신이 가진 두려움 때문에 뛰고 있었던 게, 사랑이라는 착각을 불러온 걸로 판단했다. 청년은 더 이상 사랑을 믿지 않았다.

착각이 깨지는 순간, 우리가 사랑이라고 믿었던 모든 건 사라진다. 그리고 착각은 언젠가 반드시 깨지게 되어 있다. 로미오와 줄리엣도 동반자살을 안 했다면, 얼마 안 가 착각이 깨지고 헤어졌을 거다.

청년이 처음 사랑에 빠졌던 그 장소에 다시 갔을 때, 눈부시도록 아름다운 여성이 청년의 눈에 들어왔다. 청년의 심장은 그녀로 인해 다시 뛰기 시작했다. 사랑에 한 번 실패했던 청년은 자신의 심장이 말하는 소리에 의문을 품었다. 심장의 두근거림은 사랑에 빠졌을 때만 나타나는 것이 아니다. 심장의 떨림은 극도로 분노했을 때 더 심하고, 공포감에 빠져 있을 때 더욱 심각하게 뛴다. 청년은 분노하거나 공포에 빠진 상태가 아니다. 그때처럼 이곳이 공사 중인 것도 아니었다. 대체 이 심장의 떨림은 무엇이란 말인가?

심장의 두근거림 안에는 사랑으로 인해 다가올 아픔과 상처에 대한 분노, 배신에 대한 공포도 포함되어 있기 때문에 미리부터 뛰고 있는 건지도 모른다. 청년은 그녀에 대한 자신의 마음을 좀 더 지켜보고, 심장의 소리를 이해하기 위해 그녀가 가족들과 함께 살고 있는 보석공장에서 일을 시작했다. 그녀의 아버지가 운영하는 보석공장에서 매일 그녀와 마주치며, 청년은 자신의 심장이 요란하게 떠들어대고 있는 그녀에 대한 사랑에 어느 날 확신을 가지게 된다.

✽사랑

결국 청년은 그녀에게 고백을 했다. 고백을 들은 그녀는 청년이 딱히 마음에 들지 않았던 건지, 결정을 뒤로 미루고 그 사실을 아버지에게 먼저 말했다. 아버지는 청년에게 딸을 내줄 생각이 전혀 없었기에 청년을 불러 단호하게 말했다.

"난 자네에게 내 딸을 줄 수가 없네! 그런 이유로 자네가 이곳을 그만두고 나가겠다면, 붙잡지 않을 테니 그만두고 나가게!"
"전 당신의 딸을 위해 뭐든지 할 수 있습니다!"

청년의 말과 태도는 그녀의 아버지 앞에서도 지나칠 만큼 당당했고, 확신에 차 있었다. 결국 청년을 쉽게 떨쳐내지 못할 걸 예감한 그녀의 아버지는 다른 방법으로 청년을 떠나보내야겠다는 생각을 했다.

"정말 내 딸을 위해 뭐든, 할 수 있단 말이지?"
"물론입니다! 저를 믿으셔도 됩니다!"
"그럼 내가 시키는 걸 자네가 해낸다면, 내 딸을 주겠네."
"정말입니까? 그게 뭡니까?"

"여기 있는 평범한 돌을 다이아몬드로 만들어 오게!"
"만약, 자신이 없다면, 포기하고 이곳을 떠나 주게."
"반드시 당신 딸을 위해 돌을 다이아몬드로 만들어 오겠습니다!"

그렇게 말한 청년은 자신이 정말로 돌을 다이아몬드로 만들 수 있을 거라 착각했다. 착각은 결국 무모한 시도와 도전을 하게 만들었고, 무려 50년이 넘는 세월 동안 그런 말도 안 되는 불가능한 착각을 유지했다.

돌로 보석은 만들 수 있다. 강에서 주운 돌이 에메랄드 원석일 수도 있다. 강에서 주운 돌이 800억 원짜리 보석이었던 적도 있었다. 그러나 돌이 다이아몬드가 되는 건 불가능하다. 스리랑카는 세계에서 다섯 손가락 안에 드는 보석 생산지로, 특히 스리랑카의 사파이어는 세계 최고로 평가받는다. 진귀한 보석이 많이 나와 인도양의 보물섬 혹은 보석의 천국이라 불리며, 58종의 이상의 보석 원석을 생산한다. 천연 다이아몬드는 지구에서 매우 흔한 원소인 탄소로 이루어져 있으며, 맨틀이라고 불리는 지구 깊숙한 곳에서 생성된다. 극한의 압력과 온도 속에서 탄소는 다이아몬드가 된다. 인공 다이아몬드가 최초로 성공한 것은 1955년 미국의 GE 연구소에 의해서라고 알려져 있다.

그러나 청소부의 말은 달랐다. 그 청년이 세계 최초로 돌을 다이아몬드로 만들어 냈다는 것이다. 과학적으로는 불가능할지 몰라도 청년은 50년이 넘는 세월 동안 할 수 있다는 착각 하나로 결국 돌을 다이아몬드로 만들어 냈다고 한다.

*사랑

그렇게 다이아몬드를 만들어 냈으나, 청년이 다이아몬드를 만들어 낸 그때는 이미 그녀의 아버지가 사망한 뒤였다. 그녀도 오래전에 이미 결혼을 했고, 지금은 할머니가 되어 있었다. 노인이 되어 버린 청년은 여전히 할머니가 되어 있는 그녀를 사랑한다고 착각했다.

지금까지 그런 착각이 유지될 수 있었던 건, 그녀를 여전히 잘 몰랐기 때문이다. 지금은 노인이 되어 버린 그 청년은 영원히 그녀만을 사랑했기 때문에 돌을 다이아몬드로 만들기 위해 일생을 바쳤고, 결국 만들어 냈다. 그 후 청년은 그녀에게 자신이 만든 다이아몬드를 전해 주고 어딘가로 떠났다고 한다.

그렇게 다이아몬드는 영원한 사랑, 즉 영원한 착각을 의미하게 되었다는 이야기였다. 서로가 잘 모르기 때문에 사랑에 빠질 수 있는 거라면, 오랜 시간 사랑이 유지된다는 것도 결국 서로에 대해 오랜 시간 착각하고 있다는 것에 불과한지도 모른다. 한 사람을 영원히 사랑하겠다는 건 영원히 착각 속에 살겠다는 말이 된다. 착각 속에 살더라도 행복하다면, 어쩌면 그 사랑은 그걸로 완벽한 건지도 모른다.

연애를 할 때 어느 정도는 상대방에 대한 착각이 필요하다. 착각이 없다면, 사랑도 없으니 말이다. 사랑을 할 때 우리는 긍정적인 착각을 해야만 한다. 연인을 분석하려 든다면, 긍정적인 착각은 깨져 버리고 사랑은 소멸해 버린다.

긍정적인 착각은 불가능을 가능하게 만들고, 돌을 다이아몬드로 만든다. 사랑을 유지하게 해주며, 때론 영원하게 만들어 주기도 한다. 상대방에 대한 기대와 착각은 결국 상대방이 기대한 대로 변하게 만든다. 상대방의 안 좋은 부분은 기대한 대로 개선되고, 좋은 부분들 또한 착각했던 것만큼 더 좋아지게 만들어 버린다.

긍정적인 착각은 삶의 질과 만족도를 높여 주고, 행복지수도 증가 시킨다.
우리는 긍정적인 착각을 통해 성공하는 사람들을 현실에서 쉽게 찾아볼 수 있다.

상대에 대한 낭만적인 착각은 오랜 시간 동안 사랑을 유지시켜 준다. 긍정적인 착각 속에 빠져 사는 사람은, 착각하지 않는 사람보다 더 행복하다. 그러므로 착각은 꿈을 이루고, 행복한 인생을 사는데 필수다.

청소부가 말했다.

"청년을 착각하게 만든 진동은 처음부터 공사 때문이 아니었소. 어디서 오는 건지 원인은 알 수 없지만, 사랑이라는 착각을 발생시킨 미세한 진동은 여전히 당신이 서 있는 그 자리에서 계속되고 있소. 특정한 음악만으로도 사랑한다는 착각을 불러일으킬 수 있을 만큼 사랑은 쉽게 발생하는 거지만, 이곳에서 발생하는 미세한 진동은 사랑의 유지를 위해 필요한 착각도 발생시키니, 다음에는 당신의 연인과 함께 이곳에 온다면 좋을 것이오."

난 청소부의 이야기가 끝나고, 열심히 착각하고 살아야겠다고 다짐했다.

＊사랑

산골 거지의 사랑이야기

할배가 나에게 돈을 달라고 말하기 전에, 난 할배가 거지인 줄도 모르고 사진을 찍었다. 할배가 사진 값을 달라고 입을 열었을 때, 난 비로소 할배가 거지란 걸 알 수 있었다.

"너의 삶은 너만의 것이 아니야! 지구의 모든 생명체들은 서로 연결되어 있기 때문에, 만약 나에게 50루피를 준다면 선을 베푸는 것이 되고, 그로 인해 새로운 미래가 만들어진다네!"

거지의 말을 무시하고 도망가려는데, 거지가 소리쳤다.

"어딜 도망가나! 나를 찍었으니, 그건 내 사진이 아닌가? 사진 값을 지불하면, 내가 아주 재미있는 이야기도 들려주겠네!"

레옹 같은 모자, 옛날 홍콩 영화 속 똘마니들의 선글라스, 중국 무협영화에서 본 것 같은 옷차림, 비밀을 간직한 콧수염까지. 그의 외모는 흥미와 재미를 두루 갖추고 있었기 때문에 혹시나 하는 기대감이 들어 50루피를 거지에게 주었다.

돈을 받은 거지가 말했다.

"그럼 약속대로 50루피의 즐거움을 선사하겠네!"

돈을 조심스럽게 받아 옆구리의 주머니에 접어서 넣은 거지는 한참 동안 나를 빤히 쳐다보기만 했다. 그리고는 콧수염이 춤을 추는 걸 보여 주었다. 거지가 보여 준 50루피의 즐거움에 내가 아무런 반응을 보이지 않으니, 목소리를 가다듬으며 자신이 과거에는 그냥 거지가 아닌 '꽃거지'였다는 믿을 수 없는 고백을 했다.

*사랑

길에서 구걸하던 젊은 꽃거지가 있었다. 거지에게 미래에 대한 꿈이나 희망 따위는 전혀 존재하지 않았다. 자신에게 주어진 삶은 오직 구걸하며 살다가 죽는 게 전부라 생각하고 받아들였다. 그런 자신의 삶을 받아들이자, 거지의 삶도 나름 만족하고 감사할 수 있었다.

그러던 어느 날 거지는 시간이 정지되는 놀라운 체험을 했다. 느닷없이 세상 모든 것들이 정지되어 버렸고, 강렬한 빛을 뿜어내는 아름다운 여신이 슬로우 모드로 거지에게 다가와 10루피를 주고는 사라졌다. 거지는 그렇게 사랑에 빠져 버렸다.

거지는 몹시 중요한 무언가가 마음속 어딘가에서 조용히 시작되고 있음을 느끼며, 심각한 고민에 빠졌다. 그녀가 아름답기 때문에 사랑하는 건지, 사랑하기 때문에 아름다워 보이는 건지 따위의 시시한 문제가 아니었다. 거지의 마음속 어딘가에서 조용히 시작되고 있던 사랑은 마음의 한계를 넘어 점점 확장되어 가기 시작했다.

그날 이후 그녀는 거지의 앞을 자주 지나갔고, 그때마다 우주의 시간과 거지의 심장은 정지되었다.

그렇게 심장이 멈춰버린 거지는 결국 쓰러져 사랑이란 아픔 속에 죽어가고 있었다. 거지는 그녀에 대한 사랑을 도저히 감당할 수 없었다. 만일 단순한 욕정이었다면, 계획을 세워 강간을 해 버렸을지도 모른다.

그러나 거지의 사랑은 꿀벌을 사랑하는 꽃의 마음처럼 순수했다.

그는 거지로 태어난 자신의 삶을 저주하기를 멈추고, 결국 중대한 결심을 했다. 사랑을 위해 거지의 삶을 버리기로 선택한 것이다.

채석장에서 노가다를 시작한 거지는 돈을 모아 자신을 가꾸는데 투자했다. 거지는 점점 사람다운 모습으로 변해갔다. 거지의 말에 따르면 자신이 꽃거지였기 때문에, 아주 조금만 투자했을 뿐인데도 금방 멋있어졌다고 한다.

평범한 사람의 모습으로 다시 태어난 거지는 그녀를 찾아가서 사랑을 고백했지만, 그녀는 사랑을 받아주지 않았다.

거지는 포기하지 않고, 매일같이 새로운 이벤트를 들고 그녀를 찾아갔다.
결국 그의 노력에 감동한 그녀는 거지의 마음을 받아 주었다.

그녀가 사랑을 받아 준 이후 거지는 달콤한 꿈속에서 하늘을 이리저리 자유롭게 날아다니며, 행복한 시간을 보냈다. 하지만 그 시간은 오래가지 못했다. 거지에게는 남아 있는 돈이 한 푼도 없었기 때문이다.

＊사랑

그녀와의 사랑이 이루어졌다 한들, 거지는 그녀를 행복하게 해줄 능력이 전혀 없었다. 그녀가 자신의 가난을 알게 되면, 떠날 것이 분명했다. 거지는 어쩔 수 없이 잠시 멀리 떠났다가 돌아오겠다고 말했다. 기다려 달라고 부탁했지만, 그녀의 표정은 일그러져 있었다.

이제 겨우 그녀의 마음을 얻었는데, 대체 이게 뭐란 말인가? 거지는 당장 돈이 없어서 사랑을 두고 떠나야 하는 자신이 몹시 불쌍했다. 사랑해서 가슴이 터질 것 같았는데, 속상해서 가슴이 찢어진 것 같았다. 그녀에게 작별 인사를 하고 돌아서니, 눈물만 흘러내렸다. 세상에 존재하는 모든 어둠이 몰려와서 아무것도 보이지 않게 만들었다.

자신이 너무나도 부족하기 때문에,
그녀를 행복하게 해줄 수 없기 때문에,

이토록 어렵게 얻은 사랑을,
이렇게 쉽게 포기할 수는 없었다.
거지는 오랜 고민 끝에 선택했다.

사랑하지만,
행복하게 해줄 능력이 없어서,
자신이 너무 부족하기 때문에
떠나는 게 아니라,

사랑하기 때문에,
행복하게 해주기 위해서,
자신의 부족함을 채우기 위해서
더 노력하기를 선택했다.

그는 사랑을 위해 반드시 성공해야만 했다. 성공을 간절히 원하지만 무엇으로 성공할 것인가? 자신은 학벌도 없고, 재주도 없으며, 특별한 기술이 있는 것도 아니다. 푼돈 받고 잡일 따위 하는 것 말고는 일자리를 구하기도 어려웠다.

하지만 그는 이미 말도 안 되는 걸 해낸 적이 있었다. 거지가 아름다운 여성의 마음을 얻어 사귀는데 성공했던 일, 그것도 말도 안 되는 일 아니던가?

거지도 사랑할 수 있으며, 거지도 성공할 수 있다.
거지는 그녀와의 행복한 미래를 꿈꿨으며, 반드시 그렇게 될 거라는 믿음과 확신이 있었다.

거지는 희망을 가지고 닥치는 대로 뭐든 일했다. 잠도 안 자고 밤낮으로 일만 했다. 그는 정말 성실하게 열심히 일했다. 그 모습에 감동받은 사장의 추천으로 더 좋은 직업을 가질 수 있게 되었고, 보수도 더 많이 받을 수 있게 되었다. 그는 조심씩 성공에 다가서고 있었다.

안정적인 위치에서 자리를 잡고 성공해 가던 그는 그녀를 다시 찾아갔다.
근데, 너무 늦었던 걸까?

그녀는 이미 다른 남자와 결혼을 해 버렸다.

그녀가 없는 성공은 아무런 의미가 없었다. 유일한 삶의 목표였던 그녀가 사라지니, 아무것도 할 수가 없었다. 그렇게 다시 거지로 돌아갔고, 그날 이후로 다시는 그녀를 만나지 못했다.

"난 그때 자살을 결심했었네. 그러나 내 마음속의 사랑이 죽음보다 오래 살 거라는 깨달음을 얻고는 자살을 포기했지! 분명 그녀를 만나게 된 건, 지금껏 내 삶에 일어났던 일 중에 최고였어! 지금도 그녀를 떠올리는 것만으로도 가슴이 몹시 설레고 심장이 팔딱거린다네."

그녀가 평소에 가고 싶어 했던 곰파 앞에서 기다리면, 언젠가 그녀를 다시 만날 수 있다는 희망으로 거지는 수십 년을 기다렸다고 한다. 그녀에게 자신의 모습을 들키고 싶지 않기에, 모자를 쓰고 콧수염을 길렀으며, 선글라스로 매력적인 눈을 가렸다고 말했다.

"나의 심장이 또렷하게 기억하고 있는,
그녀에 대한 기억보다 더 소중한 건 없다네.
여전히 그녀만을 사랑할 수 있어서
매우 행복하기에, 그녀에게 감사할 뿐이야."

✳사랑

아무도 살지 않을 것 같은 이런 곳에 곰파도 있고,
나무도 있고, 풀도 있고, 거지도 있다.

아무도 살지 않을 것 같은 거지의 가슴안에도 그녀가 살고 있다.

이야기를 듣고, 거지를 다시 보았을 땐 거지가 아름답게 느껴졌다.

거지가 아름다워 보이는 이유는,
거지의 마음속 어딘가에 사랑이 숨 쉬고 있기 때문일 것이다.

중독

담배를 끊는 것보다
당신에 대한 내 관심을 끊는 게 더 어렵네요.

사랑해요.

사랑의 말

내가 잠시 머물던 동네 작은 점방에는 몹시 선하고 따뜻한 미소를 소유하신 할아
버지 한 분이 계셨다. 그 점방 앞을 지날 때마다 할아버지가 공책에 무언가를 열
심히 적고 계시는 걸 볼 수 있었다. 공책의 표지에는 알 수 없는 글자들이 적혀 있
었다. 궁금증을 참지 못한 나는 할아버지에게 뭐라고 적혀 있는지를 물었다.

할아버지는 행복한 미소를 지으며 나에게 대답했다.

"사랑의 말이라고 적혀 있는 거네! 사랑하는 사람들에게 사랑의 말을 남겨 두려고
쓰고 있어."
"그냥 말로 하지 귀찮게 이런 걸 왜 써요?"
"말은 내가 죽고 나면 더 이상 해줄 수가 없어!"

할아버지가 궁금하면 한번 보라고 책을 건네주셨지만, 책장을 아무리 넘겨 봐도 내가 읽을 수 있는 글자는 단 한 글자도 없었다. 할아버지가 그려 두신 다양한 모양의 '하트 뿅뿅'들이 어떤 내용인지 추측할 수 있게 해줄 뿐이었다.

"글로 남기는 것 말고도 평소에도 사랑한다는 말을 자주 하세요?"
"사랑하는 사람들과 함께할 수 있는 시간은 의외로 금방 끝날 수도 있다네. 그래서 기회가 있을 때마다 사랑한다고 말해야만 하는 거야. 내일이면 못할지도 모르니 말이야. 그래서 난 틈만 나면 사랑을 고백한다네."
"듣기 좋은 말도 한두 번이지, 사랑한다는 말도 너무 자주 하면 질리지 않을까요? 너무 남발하면 진실성도 없어 보이고, 너무 가벼워 보여요."
"그럼 어떻게 하는 게 좋은가?"
"하루에도 수십 번씩 사랑한다고 말해 주는 것보단, 그 말을 아끼고 아껴두었다가 특별한 날에 이벤트라도 준비해서 분위기 잡고 말해 주는 게 훨씬 좋을 것 같은데요."
"자네는 사랑하는 사람에게 사랑도 아껴서 주나?"
"사랑은 아낌없이 주되, 사랑한다는 말은 아끼는 게 좋을 것 같아요. 사랑한다는 말을 인사처럼 자주 해 버리면 특별한 순간에 사랑한다 말해도 전혀 감동이 없잖아요."
"나는 모든 순간이 특별하고, 모든 순간 속에 사랑하고 있기 때문에 그걸 표현할 뿐이네."
"사랑 표현을 자주 하니까 싸울 일도 없겠네요?"
"나의 아내는 세상에서 가장 특별한 사람이라네. 그래서 나는 매일같이 특별한 여자와 특별한 시간을 보내며, 행복하게 살고 있지. 하지만 아무리 사랑하는 사이라도 살다 보면 누구나 다투고 싸우기 마련이야. 하지만 두 사람이 다툰다고 해서 서로 사랑하지 않는 게 아니야. 두 사람이 한 번도 다투지 않는다고 해서 서로 사랑하는 게 아닌 것처럼 말이야."
"나도 그렇게 특별한 사람과 결혼하고 싶네요."
"늙어서도 항상 즐겁게 대화를 나눌 수 있는 친구 같은 사람과 결혼하면, 나처럼

＊사랑

평생 사랑하며 살아가는 게 가능해! 물론 혼자 있는 시간 또한 존중해 줄 수 있는 사람이라면 더욱 좋겠지."

"친구 같은 사람이요?"

"사랑에 얼마나 깊이 빠져들었으며, 얼마나 많이 사랑하는지 따위는 결혼을 생각할 때 전혀 중요한 게 아니야. 상대방의 모든 걸 미치도록 사랑하는 게 전부라면 당장 헤어져야 해."

"왜요?"

"헤어지고 나서 기억 속에만 머무르게 둔다면, 영원한 사랑이 실현되거든."

"헤어지지 않으면요?"

"그럼 철천지원수가 될 걸?"

"할아버지도 원수랑 살고 있는 거예요?"

"나는 세상에서 가장 소중한 친구와 속마음을 털어 놓고, 매일 수다를 떨며 행복하게 살고 있지. 자네도 그런 사람과 결혼하면 세월과 함께 계속 커져 가는 사랑이 무엇인지 알게 될 것이네."

"나도 그런 여자와 결혼하고 싶네요."

"자네는 결혼이 뭐라고 생각하나?"

"영원히 아끼고 사랑해 줘야 할 단 한 명의 여자를 선택하는 거죠."

"그래서 신중에 신중을 기해야만 하는 것이네. 한 여자를 제외하고는 세상에 수많은 매력적인 여자들을 죽을 때까지 사랑해선 안 되니 말이네."

"이혼하거나 바람을 피우면 되잖아요?"

"애초에 그럴 일이 없게 만드는 멋진 여자를 선택해야지! 나이 들어 사회생활을 할 일이 줄어들수록 부부가 함께 보내는 시간이 지겹게 늘어나! 근데 사이가 나쁘면 어쩌겠나? 늙으면 이혼하거나 바람피우기도 힘들어. 그동안 살아온 세월을 통해 형성된 정이라든가, 자식들 때문에 헤어지지도 못하고, 어쩔 수 없이 같이 살아야 하는 게 지옥 아니면 무엇이겠나? 의학이 발달해서 늙어도 옛날만큼 빨리 죽지도 않아! 노년의 40년 이상을 함께 보낼 좋은 친구를 찾는 일이 바로 결혼이라네."

"난 아직 여행도 더 다니고 싶고, 하고 싶은 게 많아서, 결혼은 못할 것 같아요."

"결혼 후에 자네가 어떻게 살기를 바라는지 여자에게 물어봤을 때, 자네가 원하

는 모습과는 다른 모습으로 살아가기를 원한다면, 그 여자와는 연애만 하면 되는 거야."

"그럼 결혼은 누구랑 해요?"

"그냥 지금의 자네가 원하는 모습대로 살게 해줄 수 있는 사람과 결혼하도록 하게!"

"내 맘대로 자유롭게 하고 싶은 거 다하고 살라고 하면, 사랑하는 게 아니잖아요?"

"두 사람이 모두 자유로워야 하네. 만약 결혼이 자신이 원하는 걸 포기하고, 희생하는 일이라면 결혼과 동시에 불행이 시작될 거라네. 두 사람 모두 각자의 인생을 즐기면서 행복할 수 있어야만 결혼이 의미 있는 거야. 결혼이란, 혼자서도 행복하게 잘 살아갈 수 있지만 둘이서 더 행복하게 잘 살기 위해서 필요한 것이라네. 결혼을 하고 나서 자네를 더욱 발전시켜 줄 사람과 하는 게 아니라면, 결혼은 아무런 의미가 없다는 걸 알아야만 하네."

이야기를 하다 말고 갑자기 할아버지가 행복한 미소를 지으며, 함박웃음을 지으셨다. 할아버지의 시선은 미소가 아름다운 한 소녀를 향해 있었다.

"저 아이는 누구예요?"

"내가 우주에서 네 번째로 사랑하는 사람이라네."

*사랑

진짜 사랑

사진 속 베네치아의 하늘은 한없이 맑기만 한데
어두워서 가로등을 밝히고 있는 이유는
하늘이 마카오 베네시안 호텔에서 만들어 낸
가짜 하늘이기 때문이야.

사랑한다고 말하는데, 사랑이 느껴질 때보다
의심이 들 때가 더 많은 이유는
그 사랑이 가짜이기 때문이야.

배고프지도 않은데, 자꾸 먹고 싶은 이유는
그 식욕도 가짜이기 때문이야.

외로움을 견디지 못해 가짜 사랑을 하듯,
스트레스로 인한 감정적 허기를 달래기 위해 먹는 거지.

가짜 하늘은 아무리 맑아도 세상을 밝게 만들 수 없고,
가짜 식욕은 아무리 먹어도 허기가 쉽게 채워지지 않아.
가짜 사랑도 아무리 사랑한다 말해도 사랑이 느껴지지 않아.

＊사랑

진짜 식욕은 몸이 배고파하는 거지만,
가짜 식욕은 마음이 배고파하는 거야.
가짜 식욕도, 가짜 사랑도 마음이 고파서 생기는 거야.
배고파하는 마음에 밥 먹여 주는 건 진짜 사랑뿐이야.

가짜 식욕은 먹으면 먹을수록 배고파지고,
가짜 사랑은 하면 할수록 외로워질 거야.
가짜 사랑을 하면 가짜 식욕이 생기고, 이후 남는 건 뱃살과 마음의 상처뿐이야.
진짜 사랑을 하면 기쁨과 행복이 생기고, 아름다움만 남을 거야.

가짜 사랑은 자신의 욕심을 채우기 위한 마음이지만,
진짜 사랑은 상대방의 행복을 진심으로 바라는 마음이야.
그래서 가짜 사랑은 서로가 불행해지지만, 진짜 사랑은 서로가 행복해지는 거지.

가짜 하늘은 영원할 수도 있지만, 가짜 사랑은 몹시도 짧은 행복이 전부야.
진짜 하늘은 매순간 변하지만, 가짜 하늘은 변하지 않아.

그래서 난 가짜 하늘같은, 진짜 사랑이 하고 싶어.

＊사랑

히즈라의 사랑

PART 1 슬리퍼

인도의 기차는 우리나라의 KTX에 해당하는 라즈다니와 에어컨이 달린 AC가 있고, 가장 저렴한 슬리퍼가 있다. 모든 기차들은 누워서 잘 수 있게 되어 있다. AC를 탔으면 시트와 이불을 주고, 라즈다니는 밥까지 먹여 준다. 슬리퍼는 아무것도 안 주며, 몹시 더럽다.

슬리퍼는 가격이 싸서 좋지만, 여러 가지로 힘들다. 겨우 잠에 들려고 했는데, 미친 사람이 나를 손바닥으로 때리면서 떠들어댔다. 너무 피곤해서 무시하고 자려는데, 나를 계속 때린다. 누군지 일어나 보니, 어떤 여자가 남자 목소리로 나에게 돈을 내놓으라고 말했다. 돈을 안 줬더니, 나의 허벅지를 손바닥으로 다섯 번 정도 때리고는 가 버렸다.

슬리퍼 기차

슬리퍼 기차 내부

기차에서 담배를 피다 걸리면 벌금을 내야 하지만, 몹시도 찝찝한 기분을 참을 수 없었던 나는 화장실에 담배를 태우러 갔다. 화장실 앞에서 다시 만난 그는 또다시 나에게 돈을 달라고 말했다. 내가 소리를 치며 화를 냈더니, 내 앞에서 사리(인도 여성들의 전통의상)를 위로 올려 자신의 성기를 적나라하게 보여 주며 알 수 없는 말들을 지껄였다.

남의 일에 참견하기 좋아하는 인도인 아저씨 한 명이 나에게 다가와 묻는다.

"봤어?"

나는 대꾸도 안 했다. 대꾸도 안 하는 나에게 아저씨가 다시 말한다.

"그는 히즈라야. 그들이 자신의 흉측한 성기를 보여 주는 건, 영원한 성불구의 저주를 내린다는 뜻이야! 원하는 만큼의 돈을 지불하지 않는 이상 저주는 풀리지 않아! 경찰도, 군인도, 모두 다 히즈라의 저주를 믿고 두려워하기 때문에 너를 도울 수 있는 사람은 없어!"

＊사랑

저주 따위는 안 믿으면 그만이니 그냥 넘어가고 싶었지만, 성불구의 저주는 그냥 넘어가기에는 너무도 찝찝했다. 그건 내가 곧 죽을 거라는 저주보다도 억만 배는 더 무서운 저주였다. 저주를 믿고 안 믿고를 떠나서 당장 저주를 풀고 싶었던 나는 히즈라에게 저주를 풀어 달라고 부탁했다. 히즈라는 계속해서 나에게 알아들을 수 없는 말들만 하고 있었다. 내가 알아듣는 건 3천 루피를 달라는 것 말고는 없었다. 답답해하는 나에게 참견하기 좋아하는 그 아저씨가 다시 나타나 통역을 해줬다. 저주를 풀어 주는 대가로 그가 원하는 돈은 3천 루피였다. 아저씨의 도움으로 나는 100루피까지 금액을 내려 합의를 했고, 100루피를 지갑에서 꺼내어 주었다. 그는 돈을 받고는 그냥 돌아서서 가 버렸다.

나한테 걸어 둔 저주도 풀어 주지 않고서 말이다.

다시 불러서 저주를 왜 안 풀어 주는지 묻자, 100루피를 더 달라고 한다. 그 돈으로는 저주를 풀 수 없다는 것이다. 나도 그냥은 줄 수 없다고 말했다. 100루피를 더 줄 테니 저주도 당장 풀어 주고 나한테 왜 저주를 걸었는지, 정체가 뭔지 자세하게 이야기해 달라고 말했다. 의외로 그는 고개를 끄덕이며 쉽게 승낙을 했고, 아저씨는 계속해서 통역을 해주셨다.

PART 2 히즈라

그는 남성으로 태어났지만, 여성의 정체성을 가지고 살아가다 18세 때 여신의 사원을 찾아갔다. 그가 여신의 사원을 찾아갔을 때, 사람들은 그의 옷을 벗기고 팔다리를 벌려 기둥에 묶었다. 잠시 후 아무런 의학적 지식이 없는 사람들이 가위와 칼을 가지고 들어왔다. 한 명은 불에 달군 펜치 같은 것으로 마취도 없이 그의 성기를 잡아서 길게 늘어뜨렸다. 마음의 준비는 하고 왔지만, 밀려오는 고통과 두려움은 참기 힘들었다. 다른 한 명은 옆에서 가위를 더러운 수건으로 조심스럽게 닦고 있었다.

＊사랑

가위를 닦던 시술자는 길게 늘어뜨린 그의 성기에 가위를 벌려서 가져다 대곤, 공포에 질려 있는 그의 눈을 가만히 들여다봤다. 그리고는 그의 성기를 조심스럽게 천천히 썰어 내기 시작했다. 자신의 성기가 가위로 천천히 잘리는 과정을 지켜보던 그는 엄청난 고통을 느끼며 비명을 질렀다. 그는 여신의 사원에 찾아간 걸 후회했지만, 이미 그의 성기는 잘려져 버렸고, 불구덩이에 던져졌다. 시술자들은 그의 남아 있는 음낭을 칼로 쓱쓱 떼어냈다.

피가 쏟아져 나왔다. '히즈라'라는 지위를 얻기 위해서는 남성의 피를 모두 빼야만 한다고 믿었던 그들은 지혈을 위한 아무런 조치를 취하지 않은 채 그대로 그를 두고 가 버렸다. 이런 시술은 여신의 권능으로 행해지기 때문에, 그대로 죽어도 시술자는 아무런 책임이 없다. 실제로 시술이 끝나고 많은 사람들이 그 자리에서 그대로 사망했다.

남성이었던 그도 그렇게 죽었다. 그러나 그는 다시 부활했다. 평범한 남자였던 그가 이제는 성스러운 힘을 부여받는 히즈라의 지위로 다시 태어난 것이다. 그는 에이즈의 온상인 히즈라 공동체에 가입하기 위한 첫 번째 관문을 통과했다. 그렇게 여신의 사원에서 히즈라로 부활해 활동하고 있는 히즈라의 수는 현재 인도에서 백만 명이 넘는다.

거세수술을 통해 남근과 고환이 제거되었지만, 그곳에 여성의 질이 이식되지 않기 때문에 그는 남자도 여자도 아니다. 제3의 성으로 다시 태어나 악령을 불러오거나 물리치는 힘을 가지게 된 그는 자신의 힘으로 악령을 불러들여 나에게 영원한 성불구의 저주를 걸었다. 그의 저주로 인해 나는 평생 섹스를 할 수 없는 성불구가 되어 버렸다. 다행히 나는 그에게 돈을 지불했고, 저주는 모두 풀렸다.

예전에는 남자와 여성의 생식기까지 모두 가지고 있는 양수동체와 남성의 기능이 없는 사람들이 어린 시절 거세되어 히즈라로 만들어지는 게 보통이었지만, 요즘에는 제3의 성으로 살고 싶은 멀쩡한 남자들이 자발적으로 찾아가서 거세수술을 받고 히즈라 집단에 가입하는 경우가 대부분이라고 한다.
악령을 다루는 능력을 가지고 부활한 사람이 조용히 자고 있던 나에게 저주를 걸었던 이유를 물었더니, 혼자 먹고 살기도 너무 힘든데 남편까지 부양하기 위해선 어쩔 수가 없었다고 한다. 예전에는 결혼식이나 돌잔치 등의 행사에 가서 악령을 쫓아내고 접근하지 못하도록 하는 일이 히드라의 주된 일이었는데, 요즘에 히즈라에 대한 인식이 나빠져서 그것도 어렵다고 했다. 그들이 할 수 있는 일은 오직 구걸과 매춘뿐인데, 자신은 에이즈로 인해 건강이 악화되어 매춘으로 돈을 벌기도 힘들다고 말했다.

인도인들은 히즈라가 양성의 성을 띤 힌두신이 인간으로 환생한 존재라고 믿어 신성하게 여겼다. 예전에 히즈라를 바라보는 일반인의 태도가 종교적인 것이었다면, 지금은 단지 남자들과 항문에 섹스를 하는 더러운 존재로 바뀌어 버렸다. 배척과 경멸의 대상이 되어 버린 그들에게 자신들이 가진 신비한 능력을 이용해서 할 수 있는 건, 오직 사람들에게 저주를 걸고 돈을 뜯어내는 것뿐이다.

그들은 초대하지도 않은 행사에 찾아가서 악령을 쫓아 줄 테니 돈을 달라고 요구한다. 그리고 돈을 주지 않으면 악령을 쫓는 게 아니라 악령들을 불러들여 저주를 내린다. 사람들은 저주를 풀기 위해 히즈라에게 합의금을 지불해야만 한다.

여행 중 나와는 다른 문화, 다른 부류의 사람들을 만났을 땐 내가 이해할 수 없다고 비난하기보다는, 차이가 있다는 사실을 인정하는 게 이해하고 받아들이기에 가장 좋은 방법이다. 하지만 그 차이가 내가 받아들일 수 있는 범위를 초과해 버릴 때가 가끔 있다. 히즈라가 남편을 부양하고 먹고살기 위해 어쩔 수 없이 나에게 저주를 걸었다는 걸 내가 어떻게 이해하고 받아들일 수가 있단 말인가? 매춘으로 에이즈에 걸린 히즈라에게 부양해야 할 남편이 있다는 것도 이해하기 힘들었다. 대체 어떤 남자가 히즈라와 결혼을 한단 말인가?

그에게 남편에 관해 물었다.

여자 옷을 입고 요란한 노래와 말들로 몰려다니면서 인도 남자들에게 돈을 요구하는 무리들이 모두 다 히즈라는 아니다. '조가빠', '제나나'라고 불리는 자들은 여장을 하고 돌아다니며 남자들과 항문섹스를 하지만, 거세수술을 받지는 않은 자들이다. 히즈라든, 조가빠든 오직 남성들에게만 돈을 요구하기 때문에 여자들은 그들에게 저주를 받고 돈을 뜯길 걱정은 하지 않아도 된다. 대부분의 히즈라들은 부양해야 할 남편이 있다. 그의 남편은 다른 히즈라들과는 다르게 평범한 남자가 아닌 '조가빠'였다. 여자가 여자를 사랑하고, 남자가 남자를 사랑하는 동성애처럼 제3의 성을 가진 사람들도 서로를 사랑할 수 있다. 그들의 사랑은 게이나 레즈비언들의 사랑과 별로 다르지 않다.

보통의 히즈라들을 만났을 경우, 우리는 그들의 외모에서 불쾌감과 혐오감을 느끼게 된다. 그런데 대부분의 히즈라들과 다르게 그의 외모는 여성에 가까웠다. 남성을 상대로 한 매춘에서 그는 다른 히즈라들에 비해 상대적으로 많은 수입을 벌어들였고, 다른 히즈라들의 질투를 사게 되어 친구가 없었다. 그런 인기 덕분에 다른 히즈라들보다 에이즈나 각종 성병에 더 많이 노출되어 있었던 그는 결국 에이즈에 감염되었다. 에이즈 감염 이후 날이 갈수록 그의 건강은 악화되어 갔다.

어느 날 그가 쓰러져 있을 때, 친구가 없던 그를 평소 친하게 지내던 '조가빠'가 와서 간호를 해주었다. '조가빠'의 간호를 받고 의식을 되찾은 그는 '조가빠'에게 따뜻한 사랑의 감정을 느끼게 되고, '조가빠' 역시 에이즈에 걸린 그에게 욕망을 느끼게 된다.

결국 충동을 참지 못한 조가빠와 히즈라는 자신들의 욕망을 실현하려 한다. 애액이 나오지 않는 메마른 히즈라의 항문과 욕망에 가득 찬 조가빠의 단단한 성기에 서로가 싸구려 오일을 발라주면서, 돈을 목적으로만 해왔었던 그들의 섹스가 처음으로 죄스러운 고독에서 벗어나 서로를 받아들이고 즐거움을 느끼기 위한 행위로 이루어지고 있었다.

그들의 섹스를 보면, 인간의 섹스가 이보다 더럽고 추하게 느껴질 수가 없다. 대부분의 사람들이라면 그들의 섹스를 더럽다고 말할 것이다. 그렇다면 대체 누구의 섹스가 아름다우며, 누구의 섹스가 더러운가? 자신이 원하는 건 단지 섹스뿐이면서, 목적을 이루기 위해 사랑을 원하는 척 속여서 섹스를 하고 다니는 남자들의 섹스는 과연 그들보다 아름답다 할 수 있는가? 서로의 욕망에 충실했다는 점에서는 조금도 다르지 않지만, 서로에게 진실된 사랑의 감정을 느꼈다는 점에서는 히즈라와 조가빠의 섹스가 더 아름다워 보인다.

모든 인간은 섹스에 대한 열망이 있다. 그들이 제3의 성을 가졌다고 해서 크게 다른 것은 아니다. 예쁜 여자와 섹스를 하고 싶지 않은 남자는 없다. 간혹 섹스를 너무 못하거나, 조루증 남자들만 만났던 여자들은 섹스에 큰 흥미를 느끼지 못하는 경우도 있겠지만, 대부분의 인간의 몸과 마음은 사랑보다 섹스에 쉽게 반응하기 때문에 흥미가 떨어졌다고 해서, 욕망이 사라지는 건 아니다. 히즈라와 조가빠도 인간이기 때문에 섹스에 대한 욕망은 존재할 수밖에 없다.

조가빠와 히즈라는 그렇게 서로의 사랑을 확인했다. 조가빠는 그를 위해 조가빠의 삶을 버리고 남자로서의 삶을 선택했고, 둘은 결혼할 수 있었다. 조가빠의 삶을 버려 더 이상 매춘으로 수입을 벌어들일 수 없었던 남편을 먹여 살리기 위해 그는 다시 매춘을 시작했다. 에이즈로 인한 건강 악화로 더 이상 매춘으로도 큰 수입을 벌 수 없었던 그는 나 같은 어리버리한 남자들에게 성불구의 저주를 걸어 돈을 뜯어내는 일을 할 수밖에 없었다. 사람들은 세상에 존재하는 모든 사랑은 아름답다고 말한다. 서로를 진심으로 사랑하고 있다면, 비록 에이즈에 걸린 히즈라와 항문섹스로 돈을 벌던 조가빠라고 해서 다르지 않다. 하지만 그들의 사랑을 아름답다고 생각하는 사람이 얼마나 될까?

진화 생물학에 따르면 인간은 종족을 번식하도록 유전적으로 설계되어져 있다고

하는데, 그들은 종족을 번식시킬 수 없는 제3의 성으로 태어났다. 그러나 그들 또한 인간이기 때문에 다른 사람의 품에 안기고 싶고, 사랑받고 싶은 욕구가 분명 존재한다.

남자도 아니고 여자도 아니지만, 그들에게도 분명 자신의 몸으로 누군가에게 행복을 주고 싶은 욕구 또한 존재한다. 그들도 인간이기 때문에 사랑을 하고 싶은 건 당연하다. 모든 인간에게는 사랑할 권리가 있다. 제3의 성을 가진 그들 또한 아프면 고통 받고, 관심과 사랑을 받으면 행복을 느끼는 우리와 똑같은 인간일 뿐이다.

세상에는 남자와 여자밖에 없다는 우리의 흑백논리는 그들을 비정상으로 보이게 만든다. 그래서 그들은 고통을 받고 살아 마땅하다고 판단하게 만든다. 그들도 우리와 다르지 않은 인간이라는 걸 인정한 순간 그들을 이해할 수 있는 틈이 생기고, 그들의 사랑 또한 받아들일 수 있을지도 모른다.

사랑은 인간이라면 누구라도 느낄 수 있는 욕망이며, 제3의 성을 가졌다고 해서 달라질 건 없다. 그러므로 그들의 사랑도 동등한 가치와 정당성을 가진다.

만일 우리나라였다면 그들은 인종차별보다도 더 심한 차별과 억압 속에서 고통 받았을 것이다. 인도는 그들에게 사회제도 안에서 하나의 지위와 역할을 부여했고, 이분법적인 시야에서 벗어나 제3의 성이 존재한다는 걸 오래전부터 인정해 왔다. 히즈라가 주의회 의원이 되기도 하고, 의장이나 시장에 당선되기도 한다. 그들의 존재를 인정하기에 그들의 사랑 또한 인정할 수 있는 나라다.

인도의 고대 경전에는 그들의 사랑을 아름다움으로 표현한 시나 문장들도 찾아볼 수 있다. 1500년 전에 쓰인 인도의 성경전(性經典)〈카마수트라〉에는 제3의 성을 가진 자들에 의한 섹스가 언급되어 있고, 카마수트라 사원에서 그들의 섹스를 묘사한 몇 가지 조각도 찾아볼 수 있다.

카주라호의
카마수트라 사원

그에게 남편을 정말 사랑하는지를 물었다.
그는 기차 밖 풍경과 바람을 느끼며, 아무 말도 하지 않았다.
그리곤 잠시 후 이렇게 대답했다.

"간절히 사랑하고 싶었고, 나도 사랑받고 싶었어."
"남편을 왜 사랑해요?"
"왜 사랑하는지 궁금하다면, 그건 사랑이라고 할 수 없을 거야. 그냥 사랑하니까, 사랑하는 거야. 지금도 터질듯 보고 싶고, 안고 싶어."

우리에게는 그들의 사랑이 어떻게 보일지 몰라도, 그들에게는 세상에서 가장 소중한 사랑이다. 그들의 사랑이 우리가 쉽게 공감할 수 있는 영역이 아니기 때문에 그들의 사랑을 이해하고 받아들이지 못한다 해도, 세상 모든 사랑에는 아무런 죄가 없고, 모든 인간은 사랑하기 위해 태어났다는 사실은 영원히 변하지 않는 명제이다.

기차에서 만났던 히즈라의 뒷모습

＊사랑

개사랑

두 마리의 개가 서로를 핥아 주고,
입을 맞추며 사랑을 나누고 있다.

사랑이 뭔 줄도 모르면서,
그런 게 사랑인 줄도 모르면서,
사랑을 나누고 있다.

그가 쓴 시를 한 번도 본 적은 없지만,
자신을 시인이라고 말하는 자칭 시인이
그 모습을 지켜보며 이렇게 말했다.

"저 개들 좀 봐! 몹시 맛있어 보인다. 쩝쩝……."

같은 장면에서
나는 사랑만을 보았고,
시인은 고기만을 보았다.

시인은 배가 고팠고,
나는 사랑이 고팠던 탓이다.

배고픈 건 참을 수 있어도
사랑이 고픈 건 참을 수 없는 이유는
아직 배가 덜 고파서 그런 거다.

사랑도 안 해보고 사랑을 말하는,
사랑도 안 해보고 사랑의 시를 쓰는
시인보단 사랑이 뭔지도 모르면서
사랑을 나누는 개들이 나는 더 좋다.

＊사랑

사랑의 탄생

평범하지만 매력적인 한 여자가 있었습니다. 그녀는 어느 날 자신의 이상형에 가까운 사람을 만납니다. 서로를 조금씩 알아가며, 그들의 연애가 시작됩니다. 그에 대해 알아가며, 그가 자신이 찾던 사람이 아니란 것도 알게 됩니다. 그때 더좋은 조건과 외모를 가진 사람이 나타납니다. 그와 헤어지고 더 좋은 조건의 남자에게로 갑니다.

그를 만나면서 처음에는 모든 게 좋았습니다. 그와 떨어져 있을 때도 그가 자신을 행복하게 해주는 미래를 떠올리며 좋아했습니다. 그런데 시간이 지날수록 둘의 관계에 많은 문제점들이 발생했습니다. 둘은 매일 다투고 싸웠습니다. 그의 조건은 그녀를 행복하게 해주기에 충분했지만, 그는 그녀를 행복하게 해주기에 충분하지 못한 사람이었습니다. 결국 그 둘은 헤어져야 했습니다.

그와 헤어진 후 오랫동안 잘 알고 지내던 친구가 다가와 그녀를 위로해 줍니다. 의지가 되고 호감이 가면서 몰랐던 친구의 매력이 하나둘씩 보이기 시작합니다. 그렇게 그 친구와 사귀게 됩니다. 그런데 친구라서 잘 안다고 생각했던 것도 착각이었나 봅니다. 많은 부분에서 서로 차이가 난다는 걸 알게 됩니다. 자신을 너무 편하게 생각해서인지 항상 피곤하다며 게으름 피우는 그 친구와도 결국 헤어집니다.

그녀는 주변 사람들에게 이런저런 남자들을 소개 받았습니다. 계산기를 두드리며 남자를 고르던 어느 날, 전혀 모르던 사람을 우연히 만나게 됩니다. 그를 보고만 있어도 가슴이 몹시 떨리고 설렙니다. 그를 생각하는 것만으로 뇌에서 도파민이라는 화학물질이 분비되어 행복해집니다. 도파민 시스템이 활성화되며, 상대방에 대한 과대망상도 시작되었습니다. 정신병이 발병한 것입니다. 이런 정신병이 오래가면 몹시 심각하므로 병원에서 치료를 받아야만 하는데, 다행히도 이런 정신질환은 그냥 두어도 오래가지 않고 자연스럽게 치유 됩니다.

정신병으로 인해 그의 모든 게 완벽해 보입니다. 이제야 운명의 상대가 나타난 겁니다. 누구의 말도 들리지 않습니다. 그의 모든 게 자신과 잘 맞습니다. 그녀는 서둘러 결혼을 합니다.

누군지 잘 모르기 때문에 시작되었던 그녀의 정신병은 결혼 후 상대방이 누군지 알게 되면서 치유되기 시작합니다. 상대방은 전혀 완벽하지 않았습니다. 나와는 다른 사람이었습니다. 취향도, 욕구도, 모든 게 달라서 계속 부딪히고 다투게 됩니다. 아직 때를 만나지 못했을 뿐 곧 성공할 거라 믿었던 그는 사실 게으르고 말뿐인 한심한 존재였습니다. 다정다감하고 섬세한 사람이라고 생각했는데 우유부단하고 답답한 사람이었습니다. 모르던 단점과 문제점들이 계속해서 부각되면서 더 이상 함께 살기 힘들어집니다. 이제 그가 누군지 확실히 알아 버렸으니 이혼을 결심합니다. 그를 비난하며 이혼에 대한 모든 책임을 그에게 돌립니다.

이혼 후에도 그녀는 외로움으로 인해 또다시 누군가를 찾게 됩니다. 하지만 외로움 때문에 만난 사람과 함께 있는 건 자신을 더 외롭게 한다는 걸 깨달은 그녀는 당분간 혼자 있기를 선택합니다. 그러던 어느 날 우연히 전혀 모르던 사람을 만나서 정신병이 재발합니다. 이번에도 얼마 못 가 정신병은 저절로 치유됩니다.

그녀는 정신병이 치유되고 상대방이 누군지 알게 되었습니다.
알고 보니 그 또한 부족한 게 많은 사람이었습니다.
그녀는 그의 부족함을 인정하고 받아들입니다.
서로의 부족한 부분을 채워 주려 노력하며 둘은 행복해졌습니다.

그렇게 사랑은 시작되었습니다.

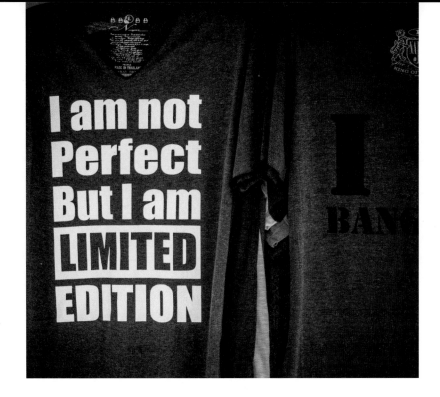

정신병 상태에서는 전혀 모르던 그를 제대로 알아가기 시작합니다. 그의 말을 경청하며 더 알려고 합니다. 알려고 하는 노력으로 인해 그 사람의 가치를 발견하게 됩니다. 그에 대한 존경에서 나오는 순수한 떨림과 설렘이 시작됩니다.

그 사람을 모르기 때문에 정신병에 걸렸던 그녀였지만,
지금은 사랑하기 때문에 그 사람을 알게 되었습니다.
사랑하기 때문에 더 알고 싶어 합니다.

그 사람을 알기 때문에 나오는 다른 부분들을
존중하고 이해하려 노력할 수 있습니다.

그 사람을 알기 때문에 자신이 원하는 사랑이 아닌,
그 사람이 원하는 사랑을 줄 수 있습니다.

＊사랑

상대방에 대한 더 알려는 노력을 그만두면 무관심해집니다.

계속해서 더 알려고 노력하는 게 바로 사랑입니다.

더 알려고 노력할수록 상대방도 모르는 장점과 가치를 찾아낼 수 있습니다.
서로의 숨겨진 장점들을 찾아 칭찬해 줄 때 우리는 행복해집니다.
그리고 더욱 깊이 사랑할 수 있게 됩니다.

정신병에 걸린 상태에서의 알려고 하는 깊은 관심은 집착이 되어 서로에게 고통
을 줄 수도 있지만, 사랑하는 상태에서의 알려고 하는 깊은 관심은 서로에게 자유
를 주어 더욱 행복하게 만들어 줍니다. 정신병은 치유가 되면 서로의 단점을 찾아
내어 고통과 상처를 주려 하지만, 사랑은 서로가 모르던 장점들을 찾아내어 행복
을 줍니다.

*사랑

그녀는 지금까지 만났던 남자들과는 사랑을 시작도 해보지 못했다는 사실을 깨달았습니다. 조건을 따지고 계산하는 건 사랑이 아니었습니다. 사랑에는 아무런 조건이 없으니까요.

더 좋은 조건의 다른 사람이 나타났을 때 다른 사람에게로 옮겨 갈 수 있는 건 연애일 뿐 사랑이 아니었습니다. 자신이 낳은 아이를 다른 아이로 대체할 수 없듯이 사랑하는 사람은 다른 사람으로 대체가 불가능하니까요.

외로움을 해소하기 위해 누군가를 만나는 것도 사랑이 아닌 걸 알았습니다. 외로울 때는 사랑을 받으려고만 할 뿐 주려 하지 않습니다. 그래서 상대방을 제대로 알려고 하지 않습니다.

누군지 모르는 상대방에 대한 과대망상증도 사랑이 아닌 걸 알았습니다. 설렘과 떨림은 단지 정신병의 증상일 뿐이었습니다. 우리는 상대방을 아는 만큼만 사랑할 수 있습니다. 아는 게 많을수록 사랑도 커져 갑니다. 우리가 흔히 사랑이라 착각하는 심각한 정신병은 상대방을 잘 모르기 때문에 발병합니다. 상대방에 대한 무지로 인해 발생한 감정을 사랑이라고 말할 수 없습니다. 상대방을 아는 만큼만 사랑할 수 있다면 그런 정신병은 아무것도 아는 게 없으니 사랑을 논할 가치도 없어집니다. 정신병이 치유되어야만 비로소 사랑이 들어갈 수 있는 문이 열립니다.

사랑은 상대방이 누군지 알게 되면서부터 시작됩니다.
상대방이 나와는 전혀 다른 사람이라는 걸 알고 서로가 불완전한 존재들이며, 부족하다는 걸 받아들이면서부터 시작됩니다. 그 부족함을 채울 수 있는 게 바로 사랑이니까요. 그래서 서로에게 부족함이 없다면 사랑도 시작될 수 없습니다.

부족함을 채워 주기 위해 사랑이 존재합니다. 연인뿐만 아니라 가족, 친구 등 모든 사랑이 마찬가지입니다. 사랑은 서로의 부족함을 인정하며 시작되고, 서로가 사랑을 가지고 부족함을 채우려 노력하는 동안 유지됩니다.

그래서 진정한 사랑에는 유효기간이 없습니다.
영원하지 않다면, 그건 사랑이 아닙니다.

그렇게 사랑에 빠진 둘은 재혼을 했습니다. 오랫동안 함께 살다 보면 많은 문제들
이 발생합니다. 서로의 가치관과 인식, 습관, 욕구 등이 다르다는 걸 알고 존중함
에도 불구하고 의견 충돌은 발생합니다. 의견 충돌이 생기거나 문제가 발생할 때
마다 그들은 답이 없는 문제를 해결하려 하지 않았습니다. 잘못된 방식으로 감정
표현을 하지도 않았습니다. 대신 서로의 감정을 존중해 주고 모든 이야기를 귀 기
울여 들어주었습니다. 서로가 이기려 하지 않기에 오히려 더욱 가까워졌습니다.
둘 사이의 문제는 전혀 해결되지 않았지만, 둘의 행복한 결혼생활과 사랑은 계속
해서 유지됩니다. 부지런히 상대방의 행복을 위해 노력해 간다면 사랑은 영원해
질 수 있습니다.

＊사랑

사랑은 결코 게으르지 않습니다. 사랑은 "아프다" 혹은 "피곤하다"고 핑계 대며 게으름 피우지 않고 상대방의 행복을 위해 부지런히 노력합니다. 계속해서 상대방을 더 알려고 하고 이해하려 노력합니다. 그렇게 사랑은 깊어져 갑니다. 사랑은 시간이 지날수록 마음 안에서 더욱더 커져만 갑니다.

사랑이 변하는 거라면, 시간이 지날수록 커져 가야만 진정한 사랑입니다. 시간이 흐를수록 세월과 함께 깊어져 가는 사랑이 세상에서 가장 아름다운 사랑입니다.

사랑을 할 때는 사랑할 자격이 있고, 사랑받을 자격이 있는 사람을 사랑해야만 합니다. 모든 사람이 이해받고, 사랑받을 자격이 있는 건 아닙니다. 자신을 진심으로 사랑할 수 있고 혼자서도 행복할 수 있는 사람만이 누군가를 사랑할 수 있고, 누군가와 함께해서 더욱더 행복해질 수 있는 겁니다.

*사랑

단한번

일생에 오직 단 한 장의 사진만 찍을 수 있다면

일생에 오직 단 한 번만 여행을 떠날 수 있다면

일생에 오직 단 한 번만 사랑할 수 있다면

내 선택은 언제나

너와 함께야.

여행지에서 만난 사람을 믿는다는 건, 물론 좋은 거다.

난 여전히 사람을 믿을 수 있는 사람이 부럽다.

그러나 확실한 건 사랑에 대한 확인과

사람에 대한 믿음은 뒤로 미룰수록 우리를 설레게 한다는 것이다.

관점

마술사의 도시

처음에는 끔찍이도 싫었다가, 시간이 갈수록 정들고 좋아지는 도시들이 있다. 나에겐 수차례 방문했던, 미얀마의 양곤이 그런 곳이었다. 술레 파고다에서 마술사들을 만나지만 않았더라면, 양곤의 익숙함이 주는 편안함 속에 빠져들어 결국엔 사랑하게 돼 버렸을지도 모르겠다.

마술사들과의 만남은 순박한 사람들이 살고 있는 아름다운 미소의 나라 미얀마를, 더는 좋아할 수 없는 추악한 사기꾼들의 나라로 만들어 버렸다.

어마어마한 실력을 가진 마술사들은 마술의 트릭을 전혀 발견하지 못했다는 이유만으로 나의 마음에 지울 수 없는 흉터를 남기고 사라져 버렸다. 나는 과거로 돌아가서 없었던 일로 만들고 싶었다. 그러나 과거로 돌아갈 수 없다는 걸 알기에 아픔은 더 깊어져 갈 뿐이었다.

사람의 입에서 나온 모든 슬픈 말 중에 가장 슬픈 말은 "그랬더라면 좋을 텐데"라고 한다. 이렇게 될 줄 알았더라면, 분명 마술사들과의 거래는 없었을 거다. 대부분은 그렇게 될 줄 몰랐기 때문에 항상 문제가 생기는데, 이번엔 정말 몰랐다고는 말하기가 힘들었다.

그들은 진정한 마술사들이다. 내가 그들을 마법사라 부르는 건 그들이 여행자들에게 하는 환전사기는 마술이라고밖에 달리 설명할 방법이 없기 때문이다. 눈을 부릅뜨고 지켜보며 몇 번이나 확인을 했다. 아무런 문제가 없어 보였다. 내가 그토록 신중했던 건, 사기 당할 가능성이 높다는 걸 알고 있었기 때문이다. 알면서도 당한 건 욕심 때문이다. 언제나 지나친 욕심이 문제를 일으킨다.

사기를 쳐서 여행자들 돈을 뜯어먹으려는 그들의 잘못된 욕심만으로 사기는 절대로 성공할 수 없다. 조금이라도 더 이득을 보려는 여행자들의 욕심으로 인해 그들의 사기는 비로소 완성된다. 지금은 암환전의 시대가 끝났지만, 그 당시에 대부분의 사람들은 양곤의 여행자 거리와도 같은 술레 파고다에서 은행이나 다른 환전소들보다 높게 쳐준다는 길거리 마술사들의 유혹을 쉽게 뿌리치지 못했다. 잘만 하면 아무 문제없을 거라는 믿음으로 "모두가 당해도 나는 아닐 거다"라는 기대감으로 시도해 보지만 결국 당하고 만다.

난 여행전문가 애니와 함께 있었다. 돈을 함께 세어 보고 또 세어 봤다. 정확히 맞았다. 그들이 어떻게 마술을 부린 건지, 나중에 받아온 돈을 확인했을 땐 돈이 반으로 줄어 있었다. 어떻게 해서 그렇게 된 것인지 정확히 설명할 수가 없기에 마술이라고밖에 말을 못하겠다. 돈을 모두 세어 보고 나서 그들이 돈을 고무줄에

*관점

한 묶음씩 묶어 주었는데, 그때 신비로운 마술로 바꿔치기 한 듯하다. 그녀는 사기를 당하고 나서 몇 개월 뒤 마술사들을 다시 만났다. 그녀의 욕심은 그녀로 하여금 또다시 쉽게 유혹에 넘어가게 만들었다.

99%는 당했다고 말하지만, 안 당했다는 1%사람들의 말이 더 매력적으로 들렸고, 분명 우리도 마술사에게 당하지 않은 기억이 있기 때문에, 그녀는 다시 한 번 도전할 수밖에 없었다. 지난번같이 당하지 않기 위해 더욱 신중했다. 이번에는 환전한 돈이 확실하게 다 맞았다. 600불이 감쪽같이 사라져 버리는 끔찍한 마술의 주인공이 되었다는 건 나중에서야 알게 되었다. 그들은 지난번과 다른 트릭을 사용한 것이다. 환전해 준 돈이 아닌, 원래 가지고 있던 달러에서 마술처럼 600불이 사라져 있었다.

내가 마술을 경험했을 때는 이런 증세가 나타났다. 우선 가슴이 철렁하면서 몸 안의 장기들이 뒤틀리기 시작한다. 너무 당황스럽고 놀라서 아무 생각도 할 수 없게 된다. 당한 걸 알면서도 그럴 리가 없다고 부정하며, 이곳저곳을 뒤지면서 찾고 또 찾아본다.

가슴이 폭탄테러를 당한 듯 와르르 무너져 내리면서, 멘탈이 완전히 붕괴된다. 머리가 띵하고 어지러워서 토할 것 같고, 온몸에서 힘이 쭉 빠져 쓰러질 것 같다. 속이 상해서 마음이 아프니 몸은 더 아파 오기 시작한다.

시간이 지나고 정신이 들면 그 돈이면 뭘 할 수 있었을까를 떠올려 보며, 안타까워할 여유도 생긴다. 좀 더 시간이 지나고 나면, 마법사들이 나에게 찾아와 10분 내로 그 돈을 다 쓴다면 그 돈을 돌려주겠다고 말해서 '10분 내로 어디다 그 돈을 다 쓸까?' 같은 말도 안 되는 상상을 해보는 여유도 생기면서 조금은 충격에서 벗어난다.

사건과 시간의 거리가 멀어질수록 머리와 감정을 지배하고 있는 충격과 고통에서도 조금씩 자유로워지며, 조금씩 발전적인 생각을 하게 된다. 돈을 잃어버린 만큼 다른 식으로 돈을 아껴서 그 돈만큼 채워 보기로 하는 거다. 그게 어렵다는 판단이 들면 좀 더 발전적인 생각을 떠올려 본다.

이런 사건들이 생기면 계획이 뒤틀리게 되는 경우가 대부분이다. 만약 돈을 잃어버리지 않아서 모든 걸 계획대로 했더라면, 난 돈보다 더 소중한 목숨을 잃게 되는 큰 사건과 만났을지도 모른다고 가정해 보기도 한다.

나에게 더 소중한 걸 지켜 주기 위해, 이런 멋진 사건이 생긴 것이라는 생각을 하며 "당해서 속상한 게 아니라 당해서 다행이다"라고 생각을 바꿔 보는 거다. 이런저런 다양한 생각들로 스스로를 위로해 보지만, 결국 당장의 심각한 고통들이 쉽게 떠나 주지는 않는다.

누군가 나의 고통을 듣고 "이 또한 지나가리라, 시간이 모든 걸 해결해주리라" 따위의 세상에서 가장 무책임한 말로 위로하는 일만 없으면 다행이다. 대체 그걸 누가 모르나? 시간이 해결해 주기 전에 아픈 건 어쩌란 말인가. 그런 식상하고 지루한 멘트는 지금 상황에 아무런 도움이 되지 않는다. 그런 말들처럼 지나가서 아픈 추억이 될 때까지의 고통은 어떤 말로도 그 무엇으로 쉽게 위로가 되질 않는다.

난 배낭을 통째로 잃어버린 적도 있고, 지금까지 핸드폰을 무려 7대나 도둑맞았다. 최근에는 3,500불을 도둑맞기도 했다. 현지계좌를 해지하며 받아온 돈을 5,000불 넘게 털린 적도 있었다. 그뿐만이 아니다. 감히 상상할 수 없을 만큼 너무나도 많이 돈을 털리고, 사기를 당했다. 매번 당할 때마다 가슴 무너지도록 아픈 건 어쩔 수가 없다. 이런 고통은 아무리 당해도 면역력이 전혀 안 생긴다. 이럴 때 혼자 있게 되면, 고통은 외로움과 만나 더욱 강력해진다. 이때 스스로 고통에서 벗어나지 못하면 고통에 잡아먹히게 된다. 원래 없었던 것이라고 생각하면 마음이 편하겠지만, 있었던 것을 없었다고 생각하는 것은 불가능하다.

*관점

한번은 짐을 싸둔 가방을 방에 두고 트래킹을 다녀온 적이 있다. 아침에 누군가 가방을 통째로 가져갔다. 난 밖에 나가 8시간 동안 즐겁게 트래킹을 즐기며, 행복한 시간들을 보내고 있었다. 그리고 나는 8시간이 지나고 없어진 사실을 알게 되었다. 8시간 전에 잃어버린 것이지만, 고통은 그것을 알게 된 시점에서부터 시작된다. 잃어버렸단 사실은 8시간 전부터 전혀 달라진 게 없다. 그런데 고통은 왜 잃어버렸을 때가 아닌 지금부터 시작되는 것인가? 만약 8시간 전에 잃어버린 걸 알았다면, 트래킹이 즐겁고 행복할 수 있었을까? 단지 모든 건 생각일 뿐인 거다. 모든 건 생각일 뿐이고, 마음에서부터 시작된다는 불교 철학이 이럴 땐 많은 도움이 되기도 한다.

슬퍼하고 괴로워해도 돈을 날렸다는 사실은 변함이 없다.
없어진 사실에 변화가 없다면, 슬픔과 괴로움은 무의미하다.
지금 돈을 털려서 미칠 것 같다는 건 단순한 생각일 뿐이다.
그 생각을 있는 그대로 받아들여야 한다.

아무 일도 없는 것처럼, 그 생각의 대상이 내가 아니라
나는 그냥 지켜보는 사람이라고 생각해 본다.

그 생각을 그대로 둔다.
그냥 대상을 바라보며,
아무것도 하지 말고 조용히 지켜본다.
생각은 생각일 뿐 생각의 주인은 나지만,
생각은 내가 아니라고 본다.

달리 분노를 쏟아 낼 적당한 방법이 없을 때 난 글을 쓴다. 당장 대화할 상대가 없으니 글로써 모든 분노를 표현하고 나면, 마음이 편해져 가는 듯하다. 그렇게 써 나가다 보면 나름 철학적인 생각들도 떠오르고, 자신을 위로해 보려는 다양한 시도를 통해 조금씩 나의 분노와 상처가 치유되어 가는 걸 느낀다. 내가 가장 자주

사용하는 방법은 사기를 당하거나 돈이나 물건을 털린 건 분명 좋은 일이 아니지만, 그게 어쩌면 잘된 일이라고 생각해 보는 거다.

대체 그런 일들이 왜 지금 나한테 발생한 건지를 생각해 보는 거다. 그러면서 그 돈을 잃어버려야만 발생할 수 있는 멋진 사건과 만남들이 나를 분명히 기다리고 있는 거라 믿고, 고통이 아닌 설렘으로 기다려 보는 거다. 돈을 잃어버리지 않았다면, 절대로 생기지 않았을 인연과 만남들 속에 돈보다 더 크고 소중한 것들이 있는 게 분명하다.

엄청나게 멋지고 좋은 일들과 내 운명을 바꿔 버리는 소중한 인연들과의 만남이 나를 기다리고 있기 때문에, 나를 원래의 잘못된 길이 아닌 제대로 된 방향으로 이끌어 주는 사건일 뿐이었던 거다. 사실이 그랬다. 그 사건들은 내 운명을 바꿀 평생의 소중한 인연들을 만나게 해줬으며, 내 인생을 좀 더 좋은 방향으로 이끌었다. 지금 나를 사건을 당하기 전 과거 시간으로 돌려서 그 사건을 없었던 걸로 해준다고 해도, 난 거절할거다. 그 사건이 없었으면 지금의 나도 없으니 말이다. 지금 내가 소중하게 생각하는 많은 것들이 몽땅 사라져 버릴 테니 말이다.

그래서 그런 일들을 또 당하게 된다면, 먼저 이렇게 생각해 보는 거다.

"기다려 봐. 곧 멋진 일들이 생길 거야!"

사랑 없이 떠나지 않는 남자

PART 1 그 남자의 독서

태국 방콕에 있는 여행사에서 매일같이 독서를 하던 남자가 있었다. 여행사 앞을 지날 때면, 소파에 앉아 편하게 독서를 즐기고 있는 그의 모습이 항상 보였다. 여행사에 물어볼 게 있어서 들어갔다가, 그가 무슨 책을 그렇게 열심히 보는지 궁금해서 물어봤다.

"저기, 책제목이 뭐예요?"

그는 나를 쳐다보지도 않고, 대답했다.
"아, 그냥 날도 덥고 심심해서 보는 겁니다."

그가 보고 있던 책의 표지가 살짝 보였다. 〈여자를 유혹하는 사람들의 7가지 습관〉이라는 제목이었던 것 같다. 그때 여자 한 명이 여행사로 들어왔다. 다른 사람에게는 전혀 관심이 없는 듯 보였던 그가 고개를 번쩍 들었다. 위아래로 눈알

을 굴리며, 그 여자의 얼굴부터 가슴, 다리 등을 빠른 속도로 관찰하는 모습이 보였다. 그 여자는 다음날 푸켓에 가는 표를 끊으려고 했다. 그러자 그가 벌떡 일어나, 침을 튀기며 말했다.

"푸켓 가세요? 저도 내일 푸켓 가려고 하는데! 혼자 가시는 거예요?"

그 남자의 외모가 후져서인지, 진짜인지 모르겠지만 그 여자는 이렇게 대답했다.

"푸켓에서 친구들이 기다리고 있어서요."

그 남자는 몹시 실망한 표정으로 말했다.
"아, 그러시구나……."

그는 그곳에서 매일 독서가 아닌, 낚시를 하고 있었다. 지식에 대한 갈증이 아닌, 여자에 대한 갈증으로 독서를 하고 있었다. 딱히 할 일이 없던 나도 그의 옆에 앉아, 여행사에 있던 아무 책이나 뽑아서 조용히 독서를 시작했다. 잠시 뒤에 괴물 같은 여자가 혼자 들어왔지만, 그는 그 여자가 어디를 가는지 전혀 관심이 없어 보였다. 친구와 함께 온 여자들도 그는 관심이 없었다. 그리고 한참 뒤 딱히 예쁘지도, 그다지 매력적이지도 않은 평범한 여자가 들어왔다.

그 여자가 치앙마이를 가려고 했다. 그가 다시 벌떡 일어나서, 침을 튀기며 말했다.

"치앙마이 가세요? 저도 치앙마이 가려고 하는데! 혼자 가세요?"
그 여자는 몹시 어색한 미소를 지으며, 대답했다.

"네, 치앙마이에서 트래킹 하려고요."

방금 전까지 푸켓에 갈 계획이라던 그 남자는 자신도 치앙마이를 갈 계획이었다며, 그 여자와 함께 버스 티켓을 끊고 밖으로 나갔다. 몇 개월 뒤, 방콕의 도미토리에서 그를 다시 만났다. 그는 내 옆 침대를 사용하고 있었다. 침대 위에 놓인 그의 책은 〈왜 나는 너를 사랑하는가〉라는 제목의 연애소설이었다. 옆 침대를 쓰다 보니, 그와 대화를 할 수밖에 없었다. 그는 여자와 사랑에 빠지기 위해 여행 중이라며, 머무는 모든 도시에서 사랑을 찾고 사랑을 경험했다고 말했다. 여자들에게 사랑한다고 하는 말들은, 단지 지금 이 순간만 너를 사랑한다는 말이기 때문에 모두 진심이라고 한다. 한 여자를 사랑하는 동안 그 여자에게만 충실하며, 헌신적으로 잘해 주기 때문에 자신이 바람둥이는 아니라고 말했다.

그는 마음에 드는 여자를 만나는 즉시 사랑에 빠져 버린다고 했다. 어떻게 여자를 보자마자 사랑에 빠지는지를 묻자, 그는 자신의 앞에 놓인 책을 인용해서 이렇게 말했다.

"아마 사랑하고 싶은 마음이 사랑하는 사람에 선행하기 때문이겠죠."

그가 말하는 사랑은 나에겐 단순한 성적욕망 이상으로는 보이지 않았다. 누군지도 모르는 남자를 여자들이 그렇게 쉽게 빠지는 게 가능한지 묻자, 그는 책을 뒤적거리다 책의 문장을 인용한 듯 이렇게 말했다.

"사랑의 최초의 움직임은 필연적으로 무지에 근거할 수밖에 없는 거죠. 처음 만나

누군지도 잘 모르는 나를 여자들이 좋아하는 건, 나를 모르기 때문에 좋아할 수 있는 겁니다."

단지 섹스 때문에 여자를 이용하는 게 아닌지를 묻자, 그는 자신이 여자를 이용하는 게 아닌 여자들 또한 섹스 때문에 나를 이용하고 싶게 만들면 된다고 대답했다. 가장 유혹하기 쉬운 여자는 가장 매력을 느끼지 못하는 여자이기 때문에, 별로 마음에 끌리지 않는 여자를 쉽게 유혹해서 섹스부터 하고 사랑에 빠지기도 한다고 말했다. 그는 정서불안이 있는지 말하는 동안 계속해서 책을 뒤적거리며, 엉뚱한 이야기만 했다. 한참을 그와 대화했지만, 그의 대답은 자신이 읽던 소설에 나오던 대사들인 듯했다. 남녀혼숙으로 사용하는 그 방에 여자가 들어왔다. 그는 나와의 대화를 즉시 중단하고, 그 여자를 따라 밖으로 나가 버렸다.

그는 대부분의 시간을 경비처럼 게스트하우스 입구를 항상 지키면서, 매일같이 책을 보고 있었다. 그러다 여자들이 보이면, 자신의 여행 경험과 지식들을 떠들어댔다. 여자들에게 많은 여행 정보와 이런저런 도움을 주고 싶어 하는 것 같았다. 내가 다른 나라로 여행을 갔다가 한 달 뒤에 돌아왔을 때도 그 남자는 그대로 있었다.

"어디 안 가세요?"
"저는 사랑 없이 떠나지 않습니다."

그리곤 어느 날 외계에서 온 것 같은 외모의 여자가 나타났다. 해외여행은 처음이라는 그 외계여성과 함께 그는 어딘가로 여행을 떠났다. 떠나가는 그의 뒷모습이 뭔가 불쌍해 보였다.

＊관점

모든 남자들이 그렇진 않지만, 보통 남자들은 여행보다 섹스를 더 좋아하기 때문에, 어딜 여행가든 섹스할 궁리만 한다. 섹스를 즐기고 좋아하는 여자들도 여행지에서의 만남은 여행지에서 끝내고 돌아가는 거라며, 자유롭게 즐긴다. 원래 즐기지 않던 여자들도 여행을 나와선 여행 특유의 해방감과 자유로움 때문에, 처음 만난 남자들과 쉽게 섹스한다. 로맨스를 기대하고 나온 여자는, 여행지에서의 만남이 현실의 사랑으로 이어질 수 있다고 믿기도 한다.

여행지에서의 낯선 남자와의 만남이 주는 묘한 흥분감으로 인해 성적욕구가 강해지는 여자들도 있고, 섹스가 하고 싶지만 죄다 찌질한 남자들밖에 없어서 못하겠다며 한숨을 쉬는 찌질한 여자들도 있다. 외모나 성적인 능력이 몹시 떨어져서 섹스를 포기했거나, 아예 관심이 없는 남자들도 있고, 섹스의 즐거움을 알려준 남자를 아직 만나 보지 못해서 섹스를 싫어하는 여자들도 있다.

욕망이 자유를 만나면 모든 게 쉬워진다. 섹스에 대한 욕망이 강한 사람이 그 어디보다 자유로울 수 있는 여행지에서 바람을 피우거나, 섹스를 하면 커다란 해방감을 느낄 수 있다.

먹잇감을 기다리는 남자도 있지만, 그런 남자를 기다리는 여자들도 많다. 여행을 통해 쉽게 사랑에 빠지고, 계속해서 새로운 여자들과 섹스를 나누며 지내는 생활에 익숙해진 무책임한 남자들은 한국으로 돌아가도 틈만 나면 되돌아온다.

누구나 알고 있는 이야기지만, 동남아에 짧게 여행 온 남자들은 대부분 클럽에서 현지 여자들을 유혹해서 섹스를 한다. 장기여행 중인 남자들은 한국 여자들을 유혹해서 섹스를 한다. 이성을 유혹할 능력이 안 되는 남자들은 현지 여자에게 돈을 지불하고 섹스를 한다. 여행 목적이 여행 그 자체가 아닌, 섹스인 남자들이 많다.

동남아 섹스관광 사업은 한국인들로 인해 절대로 불황을 모른다고 한다. 한국 남자들은 동남아 창녀들에게 엄청난 돈을 뿌리고 다닌다. 그렇게 해외 성매매를 즐긴 남성들의 대부분은 에이즈 등의 성병에 감염된다. 미성년자와의 해외 성매매를 꿈꾸며, 여행을 떠나는 중년 남성들도 가득하다. 동남아 아동 성매매 고객은 대부분 한국 사람이라고 한다. 남녀가 서로 합의해서 하룻밤 즐기고 끝내는 건 나쁘지 않지만, 성매매는 심각한 범죄행위다.

중년 남성들의 동남아 골프 자유여행이 '해외원정 성매매 투어' 라는 걸 모르는 사람은 없을 거다. 애초에 한국에서 여자를 구입해서 여행을 떠나는 아저씨들도 많다. 유럽에서는 여행지에서 만난 한국의 여대생들에게 남은 여행기간 동안 숙소를 같이 쓰는 조건으로 여행경비를 주겠다며, 성관계를 하는 대가로 같이 여행을 다니는 경우도 흔하다.

하지만 우리가 여행을 나와서 만나는 대부분의 사람들은 이런 사람들이 아니라, 순수하고 좋은 사람들뿐이다. 물론 겉으로 보이는 그런 모습들이 그 사람들의 실체는 아니다. 욕망을 숨기고 순수한 척하는 인간들이 더 많기 때문에, 우리는 대놓고 섹스를 밝히는 인간들을 쉽게 만날 수 없다. 그들은 욕구를 밝혀야 할 때와 감춰둬야 할 때를 명확히 알고 있다.

섹스를 즐기는 건 본인의 선택이고 자유일 뿐, 그런 행동을 결코 나쁘다고 말할 순 없는 거라는 사람들이 많지만, 그런 자신의 자유로운 선택에 책임을 지지 못하는 인간만큼 더럽고 추한 인간은 없다. 자신이 선택해서 즐기는 섹스가 본인의 쾌락일 뿐, 누군가에게 상처가 되는 행동이라면, 그건 범죄나 다름없다.

＊관점

유쾌한 대화

긴 외로움 속에서 그를 처음 만났을 때,
그의 마음은 나에게 이렇게 이야기했다.

당신이 몇 살이고, 무슨 일을 하는 사람이며,
그동안 어떻게 살다가 여기까지 오게 되었는지는
내게 중요하지 않다. 사실 아무 관심 없다.

나는 오직 당신에게, 내가 어떤 사람으로 보이는지가
궁금하다. 나의 이야기를 들어주고
나를 인정해 줄 건지가 궁금하다.

그의 마음은 나와 같았다.
그래서 우린 말하는 사람은 둘인데
듣는 사람은 아무도 없는
유쾌한 대화를 했다.

＊관점

차이나타운

오래전 해외를 처음 나왔을 때, 난 아무런 준비나 생각도 없이 나왔다. 위 사진 속의 장소인 차이나타운 인근에 있는 싸고 좋다는 숙소이름 하나 외우고 있는 것 말고는 내가 아는 건 아무것도 없었으며, 시티은행 카드 한 장과 10달러 외에는 한 푼도 가지고 있지 않았다. 예전이나 지금이나 거액의 달러 등을 미리 환전을 해서 여행을 떠나는 것보단, 현금카드 한 장만 달랑 가지고 나가서 그때그때 뽑아 쓰는 게 가장 안전하고 편리한 것 같다.

패탈링 스트리트에 도착한 나는 숙박비가 필요해 지나가는 사람에게 ATM기 위치를 물어봤다. 그는 따라오라며, 한 바퀴를 삥 돌아 처음 내가 물어보았던 자리로 되돌아왔다. 그리고는 건너편에 ATM이 있다는 걸 알려 주며 돈을 달라고 요구했다. 처음에 바로 알려 주지 않고, 돈을 요구하기 위해 이런 어처구니없는 짓을 하는 게 몹시 짜증났다.

국가대표급 길치인 나는 내가 가려는 숙소를 찾을 수 없어, 지나가는 사람 중 가장 착하게 생긴 사람을 붙잡고 숙소의 위치를 물어봤다. 너무도 선하게 생긴 키 작은 아저씨는 마침 자기도 그쪽으로 가는 길이라며, 자기만 따라오면 된다고 했다. 그런데 한 시간을 넘게 걸었지만, 아저씨가 잘 안다던 호텔은 어디에 숨어 계신지 나타날 생각을 안 했다. 무거운 배낭을 메고 걷느라 나는 지칠 때로 지쳐 버렸다.

계속해서 나를 대신해 사람들에게 길을 물어보며, 호텔을 찾아 주려 노력하는 아저씨에게 미안해지기 시작했다. 굳이 그 호텔이 아니어도 되기에 이제 내가 알아서 가겠다고 말하고, 아저씨에게 그냥 가시라고 말했다. 그러자 아저씨는 지금까지 자신이 수고한 대가로 500불을 지불할 것을 요청했다. 호텔을 찾지 못했으니 줄 수 없다고 말했지만, 계속 달라고 협박을 했다.

난 그냥 도망칠 수밖에 없었고, 아저씨는 나를 쫓아오며 소리쳤다.
"그럼, 50불만 줘!"
간격이 벌어질수록 요청하는 돈의 액수는 저렴해졌다.

＊관점

"그냥 5불만 줘도 돼!"

아저씨가 더 이상 쫓아오지 않는다는 걸 확인한 나는 멈춰서 숨을 가다듬었다. 그
때 느닷없이 무섭게 생긴 아저씨가 등장해 섹스를 하자며 나를 잡아당겼다.

산적 같은 얼굴과 떡 벌어진 어깨를 가진 무서운 아저씨는 나에게 사랑을 나누자
고 강요했고, 나는 다시 도망쳐야만 했다.

짙은 화장에 여장을 하고, 유방확대 시술을 받은 산적 같은 레이디보이들이 득실
대는 뒷골목을 벗어나 정신없이 헤매다 보니 차이나타운이 나왔다. 저렴해 보이

는 도미토리 숙소를 발견하곤 일단 들어가서 체크인을 하는데, 여권 검사도 하지 않고 나의 국적을 타일랜드로 적어 버렸다.

열쇠를 받아 방으로 들어갔다. 4명이 한 방을 쓰는 싸구려 방에는 아무도 없었다. 귀신이 살려다가 겁먹고 도망갔을 법한 음침하고, 비좁은 방의 침대 위에 짐을 대충 던져두고 누우니, 조금은 마음이 안정되었다. 땀을 많이 흘려 몸이 너무도 간지러웠던 나는 누워서 몸을 손가락 끝으로 벅벅 긁어 대다가 결국 방문을 잠그고 외부에 있다는 공동 샤워실로 씻으러 나갔다.

날씬한 사람만 겨우겨우 들어갈 수 있는 좁아터진 공동 샤워실에는 곧 부서질 것 같은 썩은 변기가 있었다. 그 주변으로 누구의 똥인지 모를 다양한 느낌의 마른 똥자국들이 예술작품처럼 여기저기에 흩어져 있어 묘한 분위기를 풍겼다. 변기 위쪽으로는 샤워기가 달려 있었는데, 변기 위에 올라가서 씻자니 변기 뚜껑도 없고 언제 부서질지 모를 썩은 변기를 밟기도 부담스러웠다.

천 년 전의 유물을 땅에서 발굴해서 달아둔 듯한 누렇게 녹이 슬어 있는 고풍스러운 느낌의 샤워기에서는 빨간 색상의 물이 '똑똑' 소리를 내며 우아하게 떨어지고 있었다. 공동 샤워실 구석에는 빨간색 물이 빠져나가지 못하고 반 뼘 정도 고여

리셉션앞의 공동 샤워실

*관점

있었다. 저런 물로 씻으면, 온몸이 썩을 것만 같았다. 무엇보다 참을 수 없던 건 정신을 마비시킬 만큼 어지럽게 만들었던 악취였다.

리셉션에 내려가서 다른 샤워실은 없는지 물어보니, 바로 앞에 있다고 손짓으로 알려 줬다. 조심스럽게 문을 열어 보니, 위층의 공동 샤워장보다는 훨씬 깔끔하고 좋았지만, 악취 때문에 씻는 걸 포기해야만 했다.

돌아가니 방문이 열려 있었다. 방안에는 어디서 주운 건지 몹시 촌스러운 십자가 목걸이를 목에 걸고 있는, 남자아이가 한 명 있었다. 혹시나 그새 도둑맞은 건 없는지 살펴보니 다행히 없어진 건 없었다. 그 녀석은 씻으려는 듯 칫솔을 입에 물고, 세면도구를 챙겨서 밖으로 나갔다.

나는 안전을 위해 중요한 것들을 따로 모아서 옷으로 돌돌 말아 베게 대신 머리에 베고 누웠고, 가방은 침대 끝 쪽에 두고 양쪽 발로 누르고 있었다. 샤워를 마친 그 녀석이 방으로 돌아왔다. 그 녀석은 돈과 여권을 아무렇게나 던져두고는, 성경책을 뒤적거리다가 눈을 감았다. 돈이 아무렇게나 놓여 있는 걸 보고 있자니 너무 신경 쓰여서 내가 말했다.

"돈이랑 귀중품을 그렇게 아무렇게나 두면 되겠어?"
"이 방에 우리 둘뿐인데 누가 가져가겠어요?"
"난 네가 의심스러워서 네가 찾을 수 없는 곳에다 숨겨 두었는데, 넌 내가 의심스럽지 않아?"
"당신이 날 의심한다고 해서, 나도 당신을 의심해야 하는 건 아니잖아요! 당신이 나를 믿지 않는 건 당연할 수 있어도, 내가 사람을 믿지 않는 건 잘못된 거예요!"
"그게 무슨 말이지?"
"전 예수님을 믿지만, 그전에 사람을 먼저 믿어요! 저를 믿고, 안 믿고는 당신의 선택이에요! 하지만 전 사람을 믿어요. 사람을 한 번 믿지 않게 되면, 모든 사람을 다 의심하게 되고 내 삶이 너무 피곤해져요! 그래서 전 그냥 다 믿어요. 믿으면 마음이 너무 가볍고 편하거든요."

"믿음을 너무 쉽게 주면, 나중에는 더 이상 누구도 믿지 못하는 일이 생길 수도 있어!"

"그래도 사람이기에 믿는다고 말하면 답변이 될까요?"

"그러다가 배신당하면 어쩌려고?"

"사람을 믿고 배신당해도, 그래도 결국 믿어야 하는 게 사람이에요."

나는 그 아이와의 대화가 즐거워 시간이 어떻게 가는 줄도 모르고 5시간이나 주절 주절 떠들었다. 대화를 하는 내내 그 녀석은 영혼이 맑고 아름다운 녀석이라는 걸 확신할 수 있었다. 이토록 때 묻지 않고 순수한 아이를 의심했었다는 생각에 나 자신이 부끄러워졌고, 이 녀석에게 미안한 마음마저 들었다.

난 의외로 사람을 쉽게 믿는다. 아니, 이런 녀석이니까 믿는다. 이 녀석과의 대 화를 통해 아직은 믿을 만한 세상이란 생각이 들었다. 나도 사람을 믿는다는 것에 대해 많이 생각해 보게 되었고, 반성도 많이 했다. 다음날 아침에 일어나 보니, 그 아이는 아직도 자고 있었다. 내가 숙소를 다른 데로 옮기기 위해 가방을 부스 럭거리니 눈을 비비며 깬다.

"일어났어? 나 숙소 옮기려고, 맛있는 거 사 줄게~ 같이 나가자! 일단 나 잠깐 화장실 좀 다녀올 테니까, 준비하고 있어! 가방 안에 중요한 거 다 들어 있으니 까, 잘 보고 있어 줘. 금방 올게."

난 지갑과 여권이 들어 있는 작은 가방만 목에 걸고 화장실에 다녀왔다. 방에 들 어와 보니 그 아이가 없었다. 그리고 나의 가방도 없었다. 리셉션으로 내려가서 가방이 없어졌다고 말했더니, 가방은 내 방에 있던 그 녀석이 메고 나간 것 같다 고 말했다.

여권과 지갑은 도둑맞지 않았으니, 다행이 아니냐고 묻는다. 대체 어떻게 그게 다행일 수 있단 말인가? 중요한 가방을 통째로 도둑맞았는데, 그게 불행이지 어떻게 다행일 수 있단 말인가? 불행한 일은 그 자체로 불행할 뿐이다. 뭘 찍어다 붙여도 다행이라고는 절대 말할 수 없다. 아직 잃어버리지 않은 게 남아 있어서 다행이라고 말하는 그놈의 사지를 절단하고 나서 이렇게 말하고 싶었다.

"정말 다행이네요. 팔다리는 하나도 없지만, 아직 숨은 붙어 있잖아요. 아직도 살아 있다니, 운이 몹시 좋았네요~ 당신은 정말 행운아예요! 진심으로 축하드려요!"
그만큼 나는 감당할 수 없는 분노에 깊이 빠져 있었다. 다행인 건 분노가 어느 정도 잠잠해질 때쯤 우연히 그 녀석을 다시 만났다는 사실이다.

난 언제나 가장 믿을 만한 사람에게 당한다. 믿을 수 없는 사람에게 당한 적은 없다. 앞으로 사람을 믿는 게 더 어려워질 것 같은 생각이 들었다. 여행을 다니며, 나 같은 일을 당한 사람을 많이 만났다. 3개월을 넘게 여러 나라를 함께 여행했던 동생에게 돈을 털린 부부도 있었고, 우연히 만나 5개월을 함께 세계여행을 다녔던 친구가 샤워하고 나온 사이에 모든 짐을 다 털어서 도망갔다는 사람도 있었다.

여행지에서 만난 사람을 믿는다는 건, 물론 좋은 거다! 난 여전히 사람을 믿을 수 있는 사람이 부럽다. 그러나 확실한 건 사랑에 대한 확인과 사람에 대한 믿음은 뒤로 미룰수록 우리를 설레게 한다는 것이다.

그 사건 발생 후 7년 뒤 내가 다시 쿠알라 룸프를 방문했을 때, 그곳은 전혀 변하지 않은 듯 많이 변해 있었다. 7년이라는 시간이 지나 버린 지금 시점에서 그 녀석이 다시 나타나 그때 도둑질해 간 물건들을 나에게 다시 돌려준다고 한다면, 나는 단 하나도 필요 없으니 몽땅 다시 가져가라고 말했을 것이다. 그때의 되찾고 싶었던 것들은 지금은 돌려줘도 전혀 필요 없는 것들이고, 그때의 엄청나던 분노는 지금은 그저 재미난 기억으로 남아 있을 뿐이다.

지금은 그때의 도둑맞은 물건보다 지금처럼 짧은 이야기로 쓸 수 있는 그때의 기억이 더 소중하게 느껴진다. 별로 재미가 없는 이야기일지도 모르겠지만, 나에게

는 잃고 싶지 않은 소중한 기억의 일부가
되어 버린 듯하다. 시간이란 그런 건가
보다.

시간이 여행의 모든 순간들을 그저 단순
한 이야깃거리로 만들어 버리는 탁월한
재능을 가졌다 해도, 이런 이야깃거리가
없는 여행일수록 우리에겐 아름다운 여
행으로 기억된다. 시간은 우리가 힘든 순
간에는 언제나 아무런 도움도 주지 않고
모른 척한다. 단지 기다리라고만 할 뿐이
다. 시간이 가진 치유력은 언제나 우리가
망가질 대로 다 망가져 버려야만 발생하
기 시작한다.

우리는 시간이 지나고 좋은 기억으로 남
을 수 있는 여행보단, 여행이 끝난 직후
곧바로 행복했던 기억으로 남을 수 있는
여행을 해야만 한다. 그런 여행은 우리가
운이 아주 좋거나, 매순간 조심했을 때에
만 비로소 가능하다.

사진

사랑을 하기 위해 특별한 기술이나 재능이 필요한 건 아니잖아.

사진을 찍는데도 특별한 기술이나 재능이 필요하진 않은 것 같아.

진심으로 서로가 사랑하고 있다면 그걸로 충분히 아름답고,

피사체에게 진심으로 다가가서 찍은 사진은 그 자체로 충분히 아름다워.

인물사진

PART 1 사진의 대가(代價)

누군가 나를 찍어 준 사진들은 사진이 거짓말을 안 하기 때문에 대부분은 내 마음
에 들지 않는다. 있는 그대로의 나를 지나치게 현실적으로 보여 주는 사진을 볼
때마다 거부반응부터 생긴다. 나는 조금 과장되게라도 내가 실제보다 더 멋지게
나오는 사진들이 좋다. 나처럼 사진에 대해 전혀 모르는 사람들은 전문가들의 눈
에 거슬리는 이미지만 만들어 낸다. 내 사진은 분명 사진작가들의 눈에는 형편없
지만, 평범한 보통 사람들의 눈에는 멋지게 느껴질 거라 생각한다.

사진을 전혀 모르는 사람들이 가끔 내가 사진을 잘 찍는 거라 착각해서 찍어 달라고 부탁을 하기도 한다. 그럴 때는 예쁘게 찍어 줘야 한다는 부담감이 생긴다. 다양한 각도에서 아무리 여러 장을 찍어도 사진이 별로일 때는 사진을 몽땅 지워 버리고는 한 장도 주지 않는다. 욕을 먹으면서도 사진을 주지 않는 이유는 내가 사진을 못 찍는다는 사실을 감추고 싶기 때문이다.

여행 중에 사진을 찍고 싶지 않은데, 자신의 카메라를 가져와서 찍어 달라고 요구하는 사람에게는 다시는 찍어 달라고 부탁하지 못하도록 일부러 형편없이 찍지만, 내가 찍고 싶을 때 사진을 찍을 수 있도록 배려해 준 사람에게는 최대한 정성을 들여서 찍으려고 노력한다.

아이들의 사진을 찍고 나서는 액정으로 사진을 보여 주면서 예쁘다고 칭찬해 주고, 웃으면서 고맙다고 말해 주는 정도면 충분하다.

원하는 이미지를 얻게 해준 고마움에 돈을 준다면, 그때부터 아이는 누군가 자신의 사진을 찍을 때 돈부터 떠올리게 된다. 함께 여행한 사진작가님이 사진을 찍은

*사진

아이에게 모델료라며 돈을 준 적이 있었다. 아이는 그때부터 사진을 찍히면 모델료를 받아야 한다는 사실을 알게 되었다. 그 후 자신을 찍는 모든 사람들에게 돈부터 요구하게 된다. 자신의 사진을 찍고 나서 돈을 주지 않거나, 처음 받은 돈보다 적게 주면 화를 내거나 욕을 한다.

아이는 더 이상 웃지 않는다. 여행자가 그 아이를 웃게 하는 방법은 오직 돈을 주는 것뿐이다. 돈 없이는 누구도 사진을 찍을 수 없다. 그래서 몰래 찍으면, 아이는 쫓아와서 돈을 달라고 화를 낸다. 다음 여행자들은 아이의 웃는 모습이 아닌, 돈을 요구하며 인상 쓰고 화내는 모습만 보게 된다.

어떤 아이가 사진을 찍히고 돈을 받았다면, 그 소문은 온 동네에 다 퍼지게 된다. 그리고 이후 그 동네의 모든 사람들이 사진을 찍으면 돈을 달라고 말한다. 이제 더 이상 그 누구도 돈 안 내고, 그 동네에서 사진을 찍을 수 없게 된다. 마을에서는 여행자들에게 웃어 주는 아이를 찾기가 힘들어진다. 돈도 안 주고 사진을 찍어대는 여행자들은 마을주민으로부터 폭행을 당할 수도 있다.

누군가 마을에 남기고 간 고마움의 대가로 인해, 다음에 오는 모든 여행자들은 큰 불편함을 겪게 되고, 그곳을 찾는 여행자들은 그곳의 사람들이 몹시 질이 나쁘다며 싫어하게 된다.

파키스탄 호퍼에서 만난 아이들은 나를 졸졸 따라다니며 돈을 달라고 요구했다. 카메라를 들고 있다는 이유만으로 나에게 돌을 던진 여자도 있었다.

현지인들과 좋은 의미의 무언가를 나누고 싶었을 뿐인 마음 따뜻한 여행자들로 인해 아이들은 돈을 달라고 하고, 동네 사람들은 돌을 던지게 되었다. 이전 여행자들의 선의가 불러온 심각한 역효과로 인해, 이후 호퍼를 찾게 되는 모든 여행자들은 큰 불편을 겪어야만 했다.

*사진

여행자들이 사진을 찍고 나서 그들이 요구하지도 않는 것들을 줄 때마다, 그곳을 여행하는 다음 여행자들은 사진 찍기가 몹시 힘들어진다. 지난 여행자들이 그들에게 무엇을 주고 떠났는지는 그들의 현재 요구를 보면 쉽게 알 수 있다. 그들은 이전에 받은 걸 똑같이 기대하고 요구한다.

여행자가 휴대용 포토프린터기를 가지고 다니며 사진을 찍고 바로 뽑아서 준다거나, 현지 사진관에서 사진을 현상해서 주면, 받은 사람은 무척 기뻐한다. 하지만 문제는 다음에 누군가 그들을 찍었을 땐, 그들에게도 똑같이 사진을 달라고 요구한다는 사실이다. 사진을 찍고 아이에게 사탕이나 볼펜을 주었다면, 아이는 사진을 찍히면 사탕이나 볼펜을 받아야만 한다고 생각한다. 다음 여행자들을 생각한다면, 아무것도 주지 말아야만 한다.

굳이 무언가를 주고 싶다면, 여행자가 그들에게 줄 수 있는 가장 좋은 선물은 그들과 함께하는 시간에 진심으로 정성을 기울이는 것뿐이라는 걸 기억하자.

현지에서 큰 도움을 받았거나, 각별히 친해진 친구가 있다면 선물을 주는 게 맞다. 친해진 아이에게 기념으로 사진을 찍어서 주는 것도 나쁘지 않지만, 일시적으로 잠깐 만났을 뿐인 아이들에게 돈이나 사탕, 볼펜 따위를 주는 건 절대로 해서는 안 될 몹쓸 행동이다.

사진을 찍고 아무것도 주진 않았으나, 찍은 사진을 액정을 통해 아이에게 보여 주며 예쁘다고 칭찬을 해준 아이는 자신이 예뻐서 사진을 찍었다는 기쁨에 만족하며, 더 활짝 웃어 준다. 아이는 사진 찍히는 걸 즐기게 되고, 다른 여행자들이 사진을 찍을 때마다 활짝 웃을 것이다.

조금 더 시간을 투자해 아이들과 함께 놀며 친해진다면, 좀 더 자연스러운 사진을 찍을 수 있게 된다. 아무리 친해져도 아이는 사진을 찍으려 할 때마다 카메라를 의식한다. 내가 거기에 있다는 걸 의식하지 못할 만큼 시간을 투자해서 함께 있어야만, 카메라를 전혀 의식하지 않은, 아이의 가장 솔직한 표정을 찍을 수 있는 기회가 찾아온다.

PART 2 몰카의 기술

무언가를 기대하고 요구하는 사람들을 찍었다면, 그들의 요구를 들어줘야만 한다. 나 역시 꼭 사진을 찍고 싶은 거지가 있다면, 사진을 찍고 돈을 지불한다. 물건을 사야만 사진을 찍게 해주는 상인이 있다면, 물건을 사고 사진을 찍는다. 사진은 찍고 싶은데, 돈을 줘도 찍기가 어려운 상대라면 몰래 찍는 수밖에 없다. 몰래 찍는 방법은 다양하다. 찍고 싶은 사람 앞에서 시선을 다른 곳에 집중해서 보고 있으면, 상대방은 내가 무엇을 보고 있는지 궁금해서 고개를 돌린다. 그때 다른 곳을 찍는 척하면서 찍으면 된다. 나의 시선과 카메라를 다르게 하고 찍으면 몰래 찍기가 수월해지나, 원하는 각도가 나오지 않을 수도 있기 때문에 많은 연습이 필요하다. 사진 속 아줌마들을 찍고 싶었는데, 직감적으로 아줌마들에게 동의를 구할 수 없을 걸 알아차린 나는 놀란 표정으로 어딘가를 보고 있는 척했다. 아줌마들 5명은 동시에 나의 시선 쪽으로 고개를 돌렸고, 이때 잽싸게 사진을 찍었다.

＊사진

여행을 하다 보면 사진을 찍고 싶은 사람에게 승낙을 받고 찍기가 어려울 경우가
더 많다. 카메라를 들고 있기 때문에 혹시나 자신의 사진을 찍을까 봐 나를 경계
하고 있을 때는 그 사람의 주변을 열심히 촬영하면서, 내가 그 사람에게는 눈곱만
큼도 관심이 없다고 느끼게 하면 된다. 한참 동안 주변의 쓸모없는 것들을 찍고
있다 보면, 내가 찍고 싶은 사람은 나에 대한 경계심과 관심을 완전히 꺼버리고
자신의 일에 몰두하게 된다. 그렇게 상대방이 방심한 틈을 타서 몰래 찍으면 된
다. 위의 사진 속 고뇌하는 아저씨도 그렇게 찍었다.

만약 몰래 촬영을 시도하던 중에 느닷없이 상대방의 시선이 나를 향했을 경우에
는 갑작스럽게 카메라를 치우면서 안 찍은 척 행동한다면, 더 이상의 찍을 기회는
없다. 사진 속 흡연하는 할아버지를 찍을 때, 갑자기 할아버지의 시선이 나를 향
했다. 이럴 땐 자연스럽게 내가 찍은 사람의 윗부분이나 옆 부분을 찍은 듯이 행
동하면 된다. 상대방이 나를 노려보더라도 절대로 눈을 마주치면 안 된다. 그래
야만 다시 한 번 더 찍을 수 있는 기회를 노릴 수 있다.

＊사진

만약 피사체의 주변을 열심히 촬영하며, 기회를 엿보던 중 피사체가 자리를 이탈하는 일이 발생한다면, 피사체의 이동경로를 예측해 피사체보다 훨씬 앞쪽에 미리 가서, 오고 있는 방향의 다른 것들을 찍는 척하면서 기다리려야 한다. 적절한 배경에 자리를 잡고 기다리다 피사체가 다가왔을 때, 피사체를 배경의 일부로 만들어서 찍으면 된다. 위의 아이를 안고 있는 거지 사진은 그렇게 찍었다. 찍고 싶은 배경 앞에서 적절한 대상이 지나가길 기다리다가 사진을 찍는 것에 대해서 뭐라고 하는 사람은 없으니, 상황을 그런 식으로 잘 연출하면 된다.

모든 이동하는 피사체를 찍을 때는 항상 몇 걸음 앞서가서 미리 구도를 잡아 두고 있어야 한다. 그리고 내가 찍으려는 피사체가 내가 원하는 위치에 다가왔을 때는 내가 찍고 있는 배경에 불청객처럼 끼어든 것으로 보이게 만든다면, 자신이 찍히는 것이 싫은 사람도 뭐라고 할 수 없게 된다. 아래의 사진은 그들을 보고 앞으로 먼저 뛰어가서 기다리고 있다가 찍은 사진인데, 몰래 찍지 않아도 되었을 친절한 분들이었다.

보통 남자와 아이들은 사진 찍기가 어렵지 않다. 그들은 승낙을 받지 않고, 함부로 찍더라도 대부분 웃어넘긴다. 몰카를 찍을 때 조심해야 하는 건 언제나 여자들이다. 특히 젊은 여성들은 반드시 승낙을 받고 찍는 게 좋다. 장애인이거나 얼굴이 이상하게 생겨 자존감이 낮은 사람은 절대로 찍어선 안 된다. 그들은 카메라를 들고 자신을 쳐다보는 것만으로도 흥분해서 공격할 수 있으므로 몰카는 절대적으로 피하고, 시선조차 주지 않는 것이 좋다.

셔츠를 다 풀어헤쳐 풍성한 가슴 털을 드러내고, 머리카락도 여기저기 아무렇게
나 뻗쳐 있는 날탱이 경찰의 모습이 너무 찍고 싶어 사진을 찍어도 되는지 묻자,
경찰은 셔츠를 모두 잠근 후 모자를 쓰고 거울을 보며 콧수염까지 가다듬은 다음
에 사진을 찍어도 된다고 말했다. 내가 몰카를 선호하는 가장 큰 이유다. 카메라
를 의식하면, 내가 원하는 자연스러운 모습은 절대로 찍을 수 없다.

사진을 찍을 때 최악의 매너는 사진을 찍고 도망가는 것이다. 상대방이 모르게 찍고 도망가는 건 상관없지만, 상대방이 알아차렸다면 허락도 없이 자신의 사진을 찍고는 모른 척하고 도망가는데 화나지 않을 사람은 없다. 나는 승낙도 받지 않고 대놓고 찍는 경우가 더 많지만 그건 그들을 무시해서가 아니다. 대부분 눈빛이나 표정으로 그들이 동의를 했다고 생각했기 때문이고, 사진을 찍고서 감사의 표시는 반드시 한다.

동남아에선 현지인들에게 이래라 저래라 하면서 특정 포즈를 강요해 가며 사진을 찍어 대는 여행자들을 참 많이 본다. 후진국이라고 마음대로 해도 된다고 생각하는 건가? 세상 어디에도 함부로 막 찍어도 되는 사람은 존재하지 않는다. 우리보다 못사는 나라에 산다고, 우리보다 못한 사람들이라고 생각해서 함부로 대하는 사람들 볼 때면 조금 화가 날 때도 있다.

＊사진

어린아이라고 해서 사람이 아닌 게 아니다. 아이도 인격이 있는 사람이다.
마찬가지로 후진국에 산다고 해서 나보다 후진사람은 절대 아니다.

웃는 사진을 찍고 싶다고, 거짓 웃음을 강요해서는 안 된다. 그들이 자연스럽게
웃게 만들어야 한다. 그들을 웃기는 건 몹시 간단하다. 내가 그렇게 해본 적은 없
지만, 웃긴 표정으로 웃긴 소리를 내면서 엉덩이춤을 추며, 다양한 몸 개그를 보
여 주면 쉽게 웃는 걸로 알고 있다.

교감

만약 카메라가 오직 행복한 장면만을
찍을 수 있도록 설계되었더라면,

세상에 존재하는 모든 슬픔들을
기쁨으로 바꿔 주는 카메라가 있다면,

사진들은 분명 이랬을 거야.

＊사진

하지만 그런 카메라가 없었기에,
피사체와의 교감에 서투르던 난
나의 사진 속에서 천 개의 미소와
만 개의 웃음을 사라지게 만들었어.

사랑 앞에 진실하지 못하면
상대방의 마음을 얻을 수 없는 것처럼,
피사체 앞에 진실하지 못하면
원하는 사진을 찍을 수 없더라고.

아이에게 인상 쓰고 다가가서
카메라를 들이대니 아이들은
절대로 웃어 주지 않았어.

난 웃는 사진을 찍고 싶었는데 말이지.

네가 예쁘고 좋다. 그래서 예쁜 너의 모습을 간직하고 싶다.
이런 마음이 전달되면 아이들의 사진이 예쁘게 나오는 것 같아.

내가 아이를 보고 웃으면서 셔터를 누르면,
프레임 안의 아이도 이렇게 웃고 있었어.

사람이든, 동물이든, 사물이든 마찬가지인 것 같아.
따뜻한 시선으로 보지 않으면,
애정과 관심 없이 단지 피사체로만 본다면,
그건 그냥 사람이고, 동물이고, 사물일 뿐인 것 같아.

애초에 그런 사진을 원했거나, 원하는 게 없었다면 그걸로 충분해.
결혼하는 게 목적이면, 결혼만 하면 된 거지 사랑까지 바랄 필요는 없으니까.
서로에게 그냥 남편이고, 부인이면 되는 것처럼 그냥 사진이면 되잖아.

피사체와의 교감이 없는 사진은
애정, 관심이 없는 부부 같고,
사랑이 빠진 연애 같아.

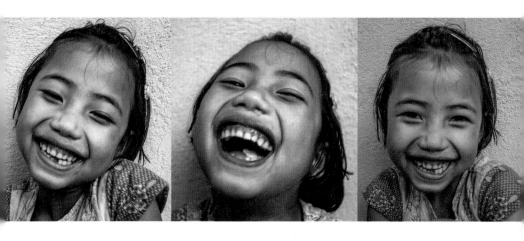

＊사진

사진을 찍다 보니 사랑은 혼자 할 수 없듯,
사진도 혼자 찍을 수 있는 게 아니란 걸 알았어.

평생 짝사랑만 하고, 평생 풍경만 찍을게 아니라면
상대방이나 피사체에게 나의 진심이 제대로 전달되어야지만
내가 원하는 걸 얻을 수 있는 것 같아.

사랑을 하기 위해 특별한 기술이나 재능이 필요한 건 아니잖아.
사진을 찍는데도 특별한 기술이나 재능이 필요하진 않은 것 같아.
진심으로 서로가 사랑하고 있다면 그걸로 충분히 아름답고,
피사체에게 진심으로 다가가서 찍은 사진은 그 자체로 충분히 아름다워.

그래서 사진을 찍으려면, 이론과 다양한 테크닉을 먼저 공부할 게 아니라,
마음을 먼저 공부해야 한다는 걸 깨달았어.

사랑할 때 상대방의 외면보다는 내면이 더 중요하듯,
사진을 찍을 때도 내면을 담아내는 게 더 중요하니까.

그래서 난 아직도 카메라의 셔터밖에 누를 줄 몰라.
마음공부가 끝나려면 아직 한참 멀었거든.

지금은 피사체에 진심으로 다가서는 법부터 다시 공부 중이야.
좋은 카메라에 좋은 장비들을 가지고 이론적 지식까지 충분하다면,
멋진 사진을 찍을 수 있겠지만, 그것 말곤 없을 거야.
싸구려 카메라에 장비도 없고, 아무런 지식 없이 찍은 사진이라도
피사체와의 교감이 제대로 이루어진 사진은 충분히 감동을 줄 수 있다고 생각해.

한 권의 책보다 더 많은 감동과 메시지를
전달할 수 있는 한 장의 사진을 찍고 싶어.

행복

행복을 찾으려 하면 안 되는 거였어. 행복은 알아서 찾아오는 거니까.

행복이 찾아왔다면 행복을 붙잡으려 해서도 안 되는 거였어.

때가 되면 자연스럽게 왔다가 떠나기를 반복할 뿐이니까.

꿈은 노력하면 할수록 가까워지고,

행복은 행복해지려 노력하면 할수록 멀어져 가는 거야.

손님

"이런 첩첩산중에도 손님이 오나요?"

"앗, 손님이 정말 오네요!"

"멧돼지 손님!"

"나는 예전에 행복이나 사랑 같은 손님이 오기를 기다렸는데, 나를 찾아오는 손님들은 불행, 고통, 좌절, 아픔 같은 원하지 않는 손님들뿐이었어요! 당신에게도 멧돼지는 기다리던 손님이 아닐 거예요."

하지만 나에겐 아픔과 고통이라는 손님이 떠나고 나서,
사랑과 행복이라는 손님들이 찾아왔어요.

당신도 원하지 않았던 멧돼지 손님이 가고,
원하던 손님인 내가 와서 당신이 만든 가방을 산 것처럼요.

절대로 손님이 오지 않을 것 같은,
사람이 잘 다니지 않는 산골노점에도 손님이 왔어요.

절대로 사랑이 오지 않을 것 같은, 사람들의 마음에도 사랑이 올 거예요!

절대로 행복이 오지 않을 것 같은, 인생에도 행복이 찾아갈 거예요!

너무 늦게 온다고 포기하지 말고, 믿음을 가지고 기다려 봐요!

첩첩산중에 가게를 차려 두고, 손님을 기다리는 마음으로…….

＊행복

누구나 아픔이 있기 마련

울고 싶으면 눈물이 마르기 전까지 울어.
슬프면 슬픔이 지쳐 떠날 때까지 슬퍼해.

눈물이 말라 더는 울 수 없으면,
슬픔이 지쳐 더는 슬프기 힘들면,
그때 다시 기운 내보는 거야.
이제 모든 게 다 잘될 거야.

눈물도, 슬픔도 절대로 참지 마.
웃음도, 기쁨도 절대로 참지 마.

매순간 감정에 충실해 가며,
마음의 소리를 따라가도록 해.

무엇보다 지금은 일단 웃어 봐.

끔찍하게 즐거워 질 때까지.

*행복

162

음악

누군가의 위로가 간절히 필요했던 어느 날 나의 곁에는 아무도 없었어.
내 이야기를 들어줄 누군가라도 있었다면 이토록 절망적이진 않았을지도 몰라.

너무 울고 싶은데 눈물 한 방울 나오지 않았어.
눈물이라도 쏟아진다면 이토록 끔찍하진 않았을 거야.

내 마음 알아 줄 사람 아무도 없었는데,
눈물조차 없으니 가슴이 더 찢어질 것만 같았어.
무겁고 지친 발걸음으로 곧 쓰러질 듯 힘없이 걷고 있을 때,
어딘가에서 음악소리가 들렸어.

그 음악을 들은 나는 길바닥에 주저앉아 울어 버렸어.
그 음악은 말하지 않아도 내 마음을 다 알고 있다며,
조심스럽게 나의 등을 토닥여 줬어.
음악의 위로를 받은 나는 눈물을 멈출 수가 없었어.
음악이 끝나고 나서는 의미를 알 수 없는 웃음이 나왔어.

＊행복

오랜 시간이 지나고 우연히 길을 걷다
어디선가 그때의 그 음악이 들리는 것만 같아서
음악을 따라가 봤어.

음악을 따라 걷는 길은 과거의 시간 속을 걷는 것만 같았어.
제목은 알 수 없지만, 분명 그 음악이 맞았어.
기타를 치며 노래하던 이름 모를 청년이
나를 과거로 데려간 거야.

아픔만 가득했던 시간이라 생각했었어.
하지만 음악이 데려간 과거는 그리움만 가득한
아름다운 시간들이었어.

＊행복

너무 아프기만 해서 그땐 행복을 보지 못했나 봐.
아픔이 치유되어 떠나가니 행복했던 기억만 남아
힘들기만 했던 그때를 그립게 하나 봐.

어떤 시간도 되돌아갈 수는 없기에,
지나간 모든 시간들은 그리워지나 봐.

음악이 있어서 정말 다행이야!

*행복

여기에 산다면

가끔 이런 생각이 들어.
내가 여기에 산다면, 그래서

＊행복

이런 천막에서 자고

이런 작은 점방에서 필요한 걸 사고

이런 미소들을 만나면서

불편할진 몰라도 불행하진 않은 삶 속에서 집착하지도,
심각하지도 않았을 것 같단 생각.

＊행복

몸과 마음이 지금 이 순간에
온전히 존재하는 기적 속에서

맑은 하늘을 바라보며
긴 생각에 잠겨 보기도 하고

내가 잃어버린 미소를 간직한 꽃 한 송이와 함께 웃음을 나누고,
꿀벌이 반갑게 건네는 인사에 감사할 수 있는 여유도 있었을 거야.

나의 두려움 가득한 인생과 그들의 가난하지만 행복한 인생을
가끔은 바꾸고 싶을 때도 있어.

＊행복

참을 수 없는 것

우리는 수행을 하기 위해,
밥 안 먹고 며칠은 참을 수 있어요.
목마름도 오랫동안 참을 수 있어요.

오랫동안 가만히 앉아 있거나,
말을 하지 않고 지내는 것도 참을 수가 있어요.

하지만 웃음은 도저히 참을 수가 없어요!
어른들이 외로움을 참을 수 없는 것처럼 말이에요.

＊행복

사진 속 웃고 있는 너에게

어른이 되어서도 지금 가진 웃음과 순수함을 잃지 말아 줘.
너의 인생에 남은 시간들은 분명 힘들어질 거야.
세상은 언제나 불공평하고,
네가 원하고 꿈꾸는 모든 것들이 계획대로 잘되는 경우는 드물 테니까.

지금 너는 잘 모르겠지만, 어른이 되면 몹시 아플 거야.
세상을 살아간다는 건 언제나 아픔과 고통이라는 친구들과 함께해야만 하는 거야.
그 친구들과 친해지는 법을 배워 두렴.

지금 나에게 보여 준 그 웃음과 그 미소를,
그 친구들에게도 줄 수 있는 네가 되기를 바래.

힘들어도 믿음을 잃지 말고, 하고 싶은 걸 하려고 항상 노력하렴.
삶에서 일어나는 좋지 못한 모든 경험들은,
모두 너에게 꼭 필요한 것들임을 항상 기억해 주었으면 해.
그런 일들이 미래의 더욱 멋진 너를 만들어 가고 완성해 가는 거란다.

세상이 얼마나 불공평하고 고통스러운지 배워 가며, 너는 어른이 될 거야.
그리고 그러한 모든 것들이 네가 충분히 극복할 수 있다는 것도 배울 거고,
그런 고통 속에서 너만의 보물을 찾아내서 지금처럼 웃었으면 좋겠어.

네가 항상 건강하고 행복하기를 진심으로 기도하고 바랄게.
너는 나를 보고 진심으로 웃어준 아이니까.

＊행복

아픔이 머물다 간 자리

자이살메르의 골목길을 지나다 만난
소의 눈에서 슬픔을 발견한다.

골목길을 두리번거리는
돼지들에게 고독을 발견한다.

길가에 묶여 있는 염소에게서
아픔을 찾아내고는 나도 아파 오기 시작한다.

어디선가 들려오는 새들의 슬픈 노랫소리에
통증이 더 심해지는 걸 느낀다.

저마다 자기만이 알아들을 수 있는 언어들로
존재의 아픔과 슬픔을 노래하고 있던,
자이살메르의 골목길을 지나고 있을 때
그들의 아픔들이 고스란히 내 마음으로 전해져 오며,
나의 존재가 더욱 아파 오기 시작했다.

내 눈 속에 보이는 모든 세상들과 나를 스쳐가는
모든 것들이 아픔으로 다가왔다.

삶이 언제나 아픔뿐인 것은 아니기에,
아픔이 영원한 것도 아니기에,

타인의 아픔도 이해하라며 찾아오는
아픔은 나에게 반가운 손님이다.

아픔이 찾아오면
아픔이 쉴 공간을 마련해 두자.

때가 되면 알아서 떠나겠지만,
떠나도 다시 찾아올 아픔이지만,

아픔이 머무는 동안만큼은
편히 쉬다 갈 수 있도록.

오늘 난 행복이라는 손님을 기다려 본다.

아픔이 머물다 간 자리에서.

＊행복

꽃처럼, 아이처럼

아침에 잠에서 깨어 밖으로 나갔어.
아이들의 행복한 미소를 만났고,
아무런 노력 없이 아름다운 꽃들도 만났어.

난 여전히 착각 속에 잠들어 있다는 걸 깨달았어.
꽃처럼 아름다워지려는 노력, 아이처럼 행복해지려는 노력.
그런 노력들이 나를 행복하지 못하게 했던 거야.

＊행복

나는
자연 속에서
자연의 일부로
자연스럽게 존재해야 했어.

꽃처럼, 아이처럼.

행복해지려 노력하지 않는다면,
행복은 자연스럽게 나를 찾아오는 거였어.

행복을 찾으려 하면 안 되는 거였어. 행복은 알아서 찾아오는 거니까.
행복이 찾아왔다면 행복을 붙잡으려 해서도 안 되는 거였어.
때가 되면 자연스럽게 왔다가 떠나기를 반복할 뿐이니까.

꿈은 노력하면 할수록 가까워지고,
행복은 행복해지려 노력하면 할수록 멀어져 가는 거야.

＊행복

터번

시크교

'달라이 라마의 남걀사원'에서 스님들의 사진을 찍고, 예쁜 아이들과 즐겁게 놀고
있는 한 남자를 만났다.

"아이가 너무 예쁘고 귀여워요~ 근데 아이 머리에 꽃모양은 뭔가요?"

"시크교도 아이들이 성인이 되어 터번을 쓰기 전까진 이런 걸 하지."

"터번이요? 지금 아저씨 머리에 뒤집어쓰고 있는 거요?"

"맞아 이런 게 터번이야"

시크(Sikh)란 '사도', '제자'란 뜻의 고대 인도어

＊행복

"난 인도 남자들은 전부다 알라딘처럼 머리에 돌돌 말고 있을 줄 알았는데, 하고 다니는 사람이 생각보다 많지 않네요."

"터번은 시크교 사람들이 하는 거야."

"시크교? 그게 뭐예요?"

"500년 전 '나나크'가 여행을 떠나 은둔 수행자들을 만난 후 깨달음을 얻어 만든 종교네."

"힌두교랑 다른 거예요?"

"완전 다르지! 시크교는 우상이나 신의 형상을 숭배하는 일도 없고, 신상을 만들지도 않아! 힌두교의 근본이 되는 카스트제도를 완전 부정하는 종교야! 그래서 시크교에는 거지도 없고, 카스트도 없어! 남녀 차별도 없기 때문에 남자는 '싱(사자)', 여자는 '까우르(암사자)'라고 성까지 통일해 버리지!"

"남녀 차별하고 성씨하고 무슨 상관이에요?"

"계급을 나누는 힌두교의 카스트제도는 성씨만 봐도 계급을 알 수 있으니깐."

"근데 답답하게 머리에 왜 터번 같은걸 뒤집어쓰고 다녀요?"

"머리도, 수염도 특별한 경우를 제외 하고는 죽을 때까지 잘라서는 안 되니깐."

"미장원요금 아껴서 좋긴 하겠지만, 설마 계속 터번을 쓰고 살아야 하나요?"

"어릴 적에 망사로 둥글게 묶은 머리는 머리 감을 때만 빼고 절대로 풀어서는 안 돼."

"요즘 애들은 싫어할 것 같은데……."

"맞아! 요즘 젊은 시크교도 사이에서는 터번 착용을 기피하는 경향이 늘고 있어."

"인도 와서 터번 뒤집어쓰고 다니는 사람 별로 못 봤어요. 시크교 믿는 사람이 별로 없나 봐요."

"인도 인구 중에서는 2.4%만이 시크교를 믿지만 신도들 수는 전 세계적으로 2천 3백만 명에 이르는 세계 5대 종교 중에 하나야! 자네가 시크교도들을 많이 보지 못한 건 펀잡 지방에 가 보지 않아서 그래."

"펀잡?"

"펀잡은 인도에서 가장 부자 주(州)면서, 나처럼 잘생긴 사람들이 많기로 소문난 곳이지. 암리차르에는 시크교도들의 성지인 아름다운 황금사원이 있으니 나중에 꼭 가 보도록 해."

"안 그래도 사진 보고, 멋져서 꼭 가보려 했어요. 근데 시크교는 여행자가 만든 종교라 신은 없죠?"

"시크교의 철학은 '나나크'가 여행하면서 만났던 성자들의 가르침이 바탕을 이루고 있지만, '나나크'는 신이 인간 세계의 위에 존재하면서 모든 만물을 창조했다고 말했어. 신이란 형체가 없는 존재지만, 영적 교감이 뛰어난 자는 신을 직접 볼 수도 있다고 말했네."

"아, 신이 있었구나."

"'비히구루'라는 신의 메시지와 이름으로 개인적 수양을 통한 깨달음이 목적이고, 교도들은 교조 나나크와 9명의 구루의 가르침을 따르지."

터번을 쓴 시크교인(시크교인은 국내선 비행기 탑승시 칼을 차고 탑승이 가능하다.)

＊행복

감사기도

"자네도 종교가 있나?"

"딱히 종교는 없지만, 하나님은 믿어요."

"종교도 없으면서 신은 왜 믿나?"

"기도하려고요."

"무슨 기도를 하기에?"

"대부분 '건강하고 행복하게 해주세요.' 아니면, '돈 많이 벌고 성공하게 해주세요.' 이런 거죠."

"더러운 기도군."

지구별에서 가장 많은 기도를 하는 나라가 인도다.

"뭐요? 더럽다고요?"

"욕심과 욕망으로 더럽혀졌으니 더러운 기도지! 그따위 기도는 기도라고 할 수 없어. 어린아이도 아니고, 다 큰자식이 신을 찾을 때마다 한다는 말이 고작 이거 해 달라! 저거 해 달라! 보채기만 하는 거라면, 당신을 만들어 낸 신께서 퍽이나 좋아 하겠군. 기도 잘했다고 칭찬하면서 기도하는 거 다 들어주겠어!"

"다들 그렇게 기도하던데……."

"이 말 명심해! 무언가를 요구하는 기도는 절대 기도가 아니란 걸 말이야!"

"그럼 어떻게 기도하란 거예요?"

"아무리 사랑하는 사람이라도 자네가 요구만 한다면, 그 사람은 언젠가 자네를 버릴 것이네! 사랑하게 해줘서, 행복하게 해줘서, 고맙다고 말하는 게 먼저야! 신에게 기도하는 것도 마찬가지야. 네가 요구하기 전에 신이 너에게 준 많은 것들에 대해 먼저 감사할 줄 알아야 하네. 신도 자신이 준 것에 고마워 할 줄 아는 자식들에게 더 많은 것들을 주고 싶어 하지, 달라고 보채기만 하는 자식들에게는 아무것도 주기 싫을 것이네!"

"감사 기도를 하라는 건가요?"

"맞아."

"'올바른 기도법을 알려주셔서 감사합니다.' 이런 식으로요?"

"그래. 그런 식으로 모든 기도가 감사기도가 되어야만, 자네가 행복해지고 꿈을 이룰 수가 있는 것이네."

"오늘은 당신과의 만남을 감사하는 기도를 해야겠어요."

"당연히 그래야지."

"그러고 보니 당신은 시크교도인데, 왜 달라이 라마사원에 와 있죠?"

"시크교에서는 모든 인류가 평등하며, 함께 공존해야 하기 때문에 타종교에 대한 관용과 공존을 엄격히 강조해서 모든 종교를 인정하고 배우려 하지!"

"잘은 모르겠지만, 나쁜 종교는 아닌 것 같네요"

"시크교도들이 다른 어느 종교인들보다도 더 행복하고 부자로 사는 것만 봐도 그렇지"

"아, 그런 말은 나도 들어본 것 같은데 왜 그렇죠?"

*행복

"시크교도는 사람들에게 진심으로 봉사하며, 선한 사람으로 살아가는 것이 우리 안에 신을 느낄 수 있게 해준다고 믿기 때문에, 수입 중 십분의 일은 항상 어려운 사람들에게 나눠주고 종교를 떠나서 사원을 찾는 모든 사람들은 숙식도 공짜로 제공해."

"오! 공짜!"

"인간은 다른 사람들을 돕거나 진심으로 감사 할 수 있을 때 행복해 지는 거야. 행복을 위해 필요한 것이 많을수록 사는 게 고통스러워 지는데, 시크교도들은 필요로 하는 것 보단 가진 것을 나누려 하는 경우가 더 많기 때문에 소유하지 않는 만큼의 자유와 행복이 보장되고, 이러한 나눔과 감사기도를 통해 진정한 성공과 행복에 더욱 가까워 지는 거지"

"당신이 말하는 행복한 삶이 뭔데요?"

"행복이 무엇인지에 대해 궁금해 하지 않는 게 진정으로 행복한 삶 아니겠나?"

"아, 어렵네요!"

"자네의 종교와 다른 종교들은 뭐가 다르다고 생각하나?"

"세상에는 다양한 종교가 있지만, 대부분의 종교에는 사랑이 별로 존재하지 않는 것 같아요. 하지만 예수님의 가르침은 '사랑'이라는 차이가 있는 것 같아요."

"그런데 왜 교회에 가지 않나?"

"교회에는 예수의 위대한 사랑과 가르침 보단, 오직 비즈니스만 존재하는 것 같아서요."

"인간이 만들어 낸 신을 믿고 싶지 않기에, 순수하게 자네가 믿는 신에게 의지한다는 거군."

"그게 뭔 말이에요?"

"모르면 관두고, 자네는 왜 티벳사원에 들어왔나?"

"달라이 라마를 만나러 왔어요"

"오! 그래? 그럼, 같이 만나러가세"

난 '달라이 라마의 남걀사원'에서 그의 말대로 감사기도를 했다.

"없는 걸 달라 하지 말고, 가진 것들에 감사하면
원하는 모든 걸 얻을 수 있다."

운명

내가 이곳에 여행을 온 것도,

모든 만남과 우연은 신의 뜻이라며 팔을 뻗고 계시는

사진 속 인살라를 외치는 아저씨와의 만남도 정해진 운명일지 모른다.

하지만 우리가 원한다면 운명을 활용하고 바꾸는 것도 가능하다.

우연히, 운명처럼

1.

세상에 우연이란 없다고 했다. 어쩌면 난 지금 이 시각, 이 공간에 내가 존재하지
않았다면, 만나지 못했을 지금 내 앞에 꽃을 들고 있는 한 소녀를 만나기 위해 이
곳에 온 건지도 모른다.

2.

한 여자가 남자에게 말했다. "너와 나의 만남은 운명이야."

만남과 사랑에 있어서 운명을 믿음으로써 모든 만남은 더욱 특별해지고, 사랑은
더욱 아름다워진다. 그걸 운명이 아닌 엄청난 확률의 대단한 우연으로 믿는다면,
세상 그 무엇보다 더 특별할 수 있었던 만남과 사랑이 평범해져 버리고 만다.

必(반드시 필)이라는 한자를 사용한 필연이라는 단어를 사용해서 "우연이 반복되면 필연이다." "우연을 가장한 필연이다." 이렇게 말하면서, 반드시 만나야만 했던 운명 같은 사랑으로 자신들의 사랑을 포장하고 싶어 한다. 그런 이유로 여자가 말했다.

"너와 나의 만남은 운명이야."

남자가 심각하게 대답했다. "우리 헤어져."
흥분한 여자가 물었다. "무슨 말이야?"
남자가 침착하게 대답한다. "우리의 헤어짐 또한 운명이야."

만남은 운명으로 쉽게 받아들였던 그녀, 헤어짐은 운명으로 쉽게 받아들이지 못하고 따지듯 묻는다.

"여자 생겼냐?"
"미안……. 내 운명의 여자는 따로 있더군."

순식간에 필연이 악연으로 너무 간단하게 변해 버린다.
사랑할 때는 운명이었지만, 사랑이 잘못되면 "인연이 아니었던 거야."라고 말한다.
사주팔자가 좋다고 하면 믿지만, 나쁘다고 하면 그런 건 믿을게 못된다 말한다.
좋으면 믿고 싶고, 나쁘면 믿고 싶지 않은 게 운명이다.

3.
모든 것을 지배하는 초인간적인 힘에 의해, 모든 만남에서 죽음까지 이미 정해져 있다는 뜻을 가진 단어를 '운명'이라고 한다. 운명이라는 게 존재한다면, 내가 가만히 있어도 모든 일어나야 할 일들은 어떤 식으로든 나를 찾아올 것이다. 그렇다면 난 모든 걸 운명에 맡기고 따로 무언가를 하기 위해 노력하지 않아도 된다. 모든 게 정해져 있기 때문에, 나 스스로 운명을 만들어 가고 변화시키려는 노력들은

＊운명

모두 바보짓이다. 운명론은 이 세상의 모든 일에 논리적인 인간관계 같은 것을 전혀 인정하지 않는다. 자신이 죽을 날도 운명 지어져 있어, 사전에 어떠한 주의나 노력을 기울여도 영화 〈데스티네이션〉 같은 재앙에서 벗어날 수 없다고 믿는다.

4.
내가 정신줄을 놓고 실수를 해서 벌어진 사건·사고들을 거쳐야만 비로소 완성되는 일들과 만남들도 있다. 그렇다면 그런 작고 사소한 실수까지도 운명에 의해 정해진 흐름대로 가기 위한 과정일 뿐이니, 신경 쓰지 말고 하늘의 뜻이 무엇인지 조용히 기다려 보면 된다. 운명을 믿는다면 나쁜 일이 생겨도 언제나 행복할 수 있다. 그 또한 어차피 일어나야만 했던 정해진 운명이었을 뿐이고, 결국에는 좋은 방향으로 이끌어 가기 위한 과정이었다고 믿으면 불행이 간단하게 행복으로 바뀌어 버리니 말이다.

당신이 내가 찍은 아이들을 사진으로 만나는 것 또한 거역할 수 없는 운명의 힘으로 이루어진 것이 분명하다.

5.

인도 거지가 나한테 말했다.

"난 자네가 지금 이곳에 온다는 걸 알고 수천 년 전부터 여기서 기다려 왔다네."

어딜 봐도 수천 살의 나이를 먹은 것처럼 보이지는 않는 거지의 말에 따르면, 나는 거지를 만나서 돈을 주어야 할 운명이었다는 것이다. 그러니 난 운명을 거역하지 못하고, 돈을 주는 게 맞다. 하지만 난 운명을 거역하고, 거지에게 돈을 주지 않았다. 그만큼 기다렸으면 앞으로 만 년쯤 더 기다려 줄 것 같아서다. 무엇보다수천 년 전부터 기다렸으니, 내 나이도 수천 살이라는 건데, 나는 나의 나이를 원래 나이보다 더 많게 보는 사람한테는 언제나 적대적이다.

*운명

그런 거지에게 돈을 주지 않았으므로, 난 운명을 바꾸는데 성공한 것인가? 거지의 말이 사실이라면, 지금 나의 행동으로 인해 정해진 운명의 흐름에 문제가 발생한 것이다. 거지에게 돈을 주지 않는 사소해 보이는 행동이 나비효과처럼 엄청난 변화를 초래해 세상의 모든 운명이 바뀌어 버리든가, 아니면 난 어떤 식으로든 거지에게 돈을 줄 수밖에 없는 상황으로 다시 엮여서, 수천 년 동안 나에게 돈을 받으려고 기다리던 거지에게 돈을 주게 될 것이다.

6.
난 운명을 믿는 것도, 믿지 않는 것도 아니다. 누구는 살인마의 운명을 가지고 태어나서 살인을 해야 하고, 누구는 살인당할 운명으로 태어나서 죽임당해야 한다고 생각하지 않는다. 비참한 운명을 가지고 태어난 사람은 계속 그렇게 살아야 한다고도 생각하지 않는다. 불운으로 점철된 기구한 삶에 순응하지 않고 운명을 거부하며 노력한다면, 분명 운명도 노력하는 자의 편을 들어줄 거라 믿는다. 그런 점에서 운명을 믿지 않지만, 사랑과 인연에 있어서는 운명을 믿는다. 만나야 할 사람은 반드시 만나게 되어 있다는 흔해 빠진 말 따위를 믿기 때문이다.

내가 이곳에 여행을 온 것도, 여행 중에 만나는 모든 사람들도, 지금 사진 속 예쁜 어린이와의 만남도 운명이라 믿는다. 문제는 이렇게 정해진 운명이 아니라, 운명을 어떻게 활용하고 바꿔 갈 것인가 하는 거다.

7.

어쩌면 세상 사람들 모두는 정해진 운명에 따라 각자가 해야 할 일들을 하고 있는지도 모른다. 무슨 일이든 누군가는 해야만 하는 일이었기에, 그들은 그 일을 해야만 하는 운명으로 태어났다. 노가다를 하는 막노동꾼도, 한 발로 노를 젓고 있는 사진 속의 어부 또한 그런 운명으로 태어났다. 그들은 정해진 운명대로 그 일을 하다가 죽을 때가 되면 죽는 것뿐이다.

인간이 정해진 운명의 자리를 찾지 못하고, 자신이 원하지 않는 일을 하고 있으면 불행해진다. 청소부를 하고 있든, 식당종업원을 하든, 경비원을 하든 자신이 하는 일에 만족을 느낀다면, 그래서 행복하다면, 그 일은 자신이 태어날 때부터 하기로 정해져 있던 운명인 거다.

지금 하고 있는 일이 전혀 만족스럽지 않다면, 그건 운명이 아니기 때문이고, 지금 하는 일에 만족하고, 그 일을 사랑한다면, 그 일이 운명이기 때문이다.

＊운명

8.
너무 좁아서 종업원이 잠시 앉아 쉴 공간조차도 없는 작은 인도의 로컬식당에 간 적이 있었다. 손님들이 꽉 차 있으니 '얼마나 맛있기에 그러나' 하는 호기심에 들어가게 된 곳이다. 오랫동안 한국 사람을 구경도 못했기에, 식당에서 '김기범'이란 이름의 한국 사람을 발견하고는 반가워서 말을 걸었는데, 안타깝게도 그는 외국인이었다.

외국인 김기범 씨가 밥을 먹고는 배불러서 너무 힘들다며, 빨리 집에 가서 쉬어야 겠다고 말했다. 배부를 정도로 먹었다는 건 맛있게 먹었다는 거니 "맛있게 드셔주셔서 감사합니다. 다음에 또 오세요."라고 말하는 게 맞다. 그러나 무슨 일인지 불만에 가득 찬 표정으로 일하던 종업원은 김기범 씨에게 따지듯 말했다.

"나는 비좁은 닭장 속에 갇혀 이토록 힘들게 살아가고 있는데, 당신네들은 한없이 여유롭게 놀고먹으면서, 먹는 것조차도 배불러서 힘들다고 하는군요."

종업원의 말에 김기범 씨가 무척 황당한 표정을 지으며 대답했다.

"당신도 돈 벌어서 여유롭게 살면 되지 않소! 당신이 비좁은 식당을 벗어나 여행을 다니며 여유롭게 살고 싶다면, 성공하는 수밖에 없으니 성공하시오! 성공을 하기 위한 노력도 하지 않고, 나와 같은 자유를 바라지 말란 말이오!"

식당 종업원은 자신의 운명이 비좁은 식당 안에서 종업원 따위나 하다가 끝난다는 것을 인정할 수 없었던 것이다. 인정하고 받아들이지 못하면, 삶이 비참해진다. 받아들일 수 없다면, 바꾸려는 노력을 해야만 한다. 바꾸려는 노력이 힘들다면, 그냥 받아들이는 편이 행복하게 살 수 있는 유일한 방법이다. 운명을 탓하지만 말고 운명을 바꿀 수 없다면, 당당해지기라도 하는 게 좋다. 적당한 노력으로 정해진 운명을 움직이는 건 절대적으로 불가능하니 말이다. 운명에 맞서기 위한 힘을 가진다는 건, 죽음보다 더한 고통을 각오해야만 가능하다.

＊운명

9.

식당 종업원이 성공을 위한 계획을 세우고 노력한다면, 너무 당연하게도 모든 게 종업원의 계획대로 되지는 않을 거다. 종업원이 원하는 건 하늘이 정해둔 그에 대한 계획이 아니기 때문이다. 하지만 다행인건, 인간의 운명 또한 하늘의 계획대로 되지 않을 때가 더 많다는 것이다.

우리의 정해진 운명은 언제든 수정이 가능하다. 한 사람의 운명이 수정되면 세상 모든 사람들의 운명이 다시 쓰여야 하는 커다란 작업을 필요로 하게 된다. 그때 모두의 정해진 운명에 약간의 틈이 생기게 되는데, 그 틈이 바로 우리에게 '기회'라는 이름으로 찾아온다.

모든 인간의 운명은 결코 공평하지 않지만, 모든 인간에게 기회는 공평하게 찾아간다. 불공평한 운명에, 공평한 기회라면 나쁘지 않은 거다. 정해진 운명을 받아들이고, 그에 순응해서 사는 인간들은 결코 기회를 알아보지 못하겠지만 말이다.

10.

숙명이란 어떠한 의지나 노력으로도 바꿀 수 없는 이미 결정되어 있는 것이기 때문에, 우리 모두는 정해진 날짜에 태어나야만 했고, 그 일시에 따라 운명이라고 볼 수 있는 사주팔자가 정해진다. 남자로 태어났다면 남자로 살아야만 한다. 숙명을 거부하고 성전환수술을 한다고 해도 남자가 완전한 여자가 되는 것은 아니다. 결국에 가서는 죽고 싶지 않아도 모든 사람은 죽어야만 하는 게 숙명이다. 숙명은 피할 수 없지만, 운명은 원하면 피할 수 있다.

운명은 한자로 운전할 運자에 목숨 命자를 쓴다. 운전을 하는 사람이 언제든 자신의 선택에 의해 방향을 바꿀 수 있다는 말이다. 숙명의 테두리 안에서 우리의 운명은 계속해서 변해 간다.

정말 모든 인간의 운명이 정해져 있다고 해도, 다행인 건 모든 인간은 정해진 운명을 뒤바꿀 힘 또한 가지고 있다는 거다. 숙명은 우리가 바꿀 수 없지만, 운명은 인간의 선택에 의해 변해 가고 만들어 갈 수 있다. 우리 모두에게는 자신이 원하는 삶을 살 수 있는 힘과 가능성이 항상 존재한다.

11.
인도와 중앙아시아를 잇던 실크로드에 자리한 해발고도 3,250m의 고산지대. 사람들이 사는 도시로는 세계적으로 높은 곳에 속하는 극 건조 도시 레(Leh)를 향해 가던 중 산사태가 일어났다. 모든 차들은 더 이상 앞으로 나아 갈수가 없었다. 많은 사람들이 짜증을 냈다. 산사태가 발생한 위치에서 가까운 곳에 차량이 있는 사람들일수록 짜증이 더 심했다.

(위) 극 건조 도시 레(Leh) (아래) 산사태

12.

원치 않는 상황이 생길 때마다 사람들은 각자 다른 방법으로 상황을 받아들인다. 모든 상황에 순종하는 사람도, 분노하는 사람도, 그 상황을 통해 무언가를 얻거나 배우려는 사람도 있다.

나는 이런 아름다운 풍경 앞에서 차가 고장 나거나 사고가 생겨 멈춰 있어 주면, 여유롭게 사진을 찍을 수 있어서 즐거워진다.

아이를 안고 있는 여자가 보였다. 신발을 한 짝만 신고 있는 아이의 발에 눈이 갔다. 난 아이에게 호주머니에 있던 사탕을 꺼내어 주었다.

아이는 사탕을 먹고는 사탕껍질까지 핥아 먹었다. 그러다 결국 사탕껍질을 입에 넣어 버렸다. 아이에게 더 나눠줄 사탕이 없었던 게 몹시 미안하게 느껴졌다.

대부분의 사람들은 차 밖으로 나와서 웅성대며 짜증을 내고 있었다.
그때 '히말라야 성자'처럼 생긴 분이 산에서 내려왔다.

13.
히말라야 성자가 말했다.

이미 우리의 삶이 완벽하게 설계되어 있으니, 인간의 몫은 단지 운명을 겸허히 받아들이는 것 외에는 없다. 산사태는 하늘의 계획대로 일어났어야 할 일이 발생한 것뿐이다. 지금 상황에 짜증을 내든, 안절부절못하든 달라질 건 없으니, 이 모든 상황을 평온하게 받아들여라. 그리고 그 속에 숨어 있는 배움을 찾아내라. 그리하면 자신에게 일어나는 모든 일들에 대해 감사할 수 있다.

"혹시 산사태가 일어날 줄 알고 계셨나요?"
"인생의 묘미는 인간들이 자신의 운명을 알지 못하는 데 있는 것이네."
"만약 운명을 알면, 바꿀 수도 있을까요?"
"운명은 자네가 더 많이 생각하는 방향으로 바뀌어 간다네."
"저는 불운을 타고난 것 같아요."
"그렇게 생각한다면, 운명은 그렇게 흘러갈 것이네."
"앞으로 뭘 해야 할지 답답해요."
"답답해 하지만 말고, 운명의 소리에 귀 기울여 보도록 하게. 자네가 음악가가 될 운명이라면, 자네의 인생은 음악을 통해 들어오게 될 거야. 운명은 계속해서 자

네가 있어야 할 곳으로 데려가기 위해 자네를 찾아갈 것이네."

"제가 만약 음악가가 되어야 할 운명인데, 평범한 회사에 다니고 있다면 어떻게 될까요?"

"운명이 정해준 일을 찾지 못해 방황한다면, 삶은 혼란의 연속일 뿐이네. 결코 행복할 수 없을 것이야."

"결국은 자신의 타고난 재능을 발견하지 못하는 사람은 자신의 일을 할 수 없기 때문에 불행하게 살아야 하고, 모든 인간들은 자신의 운명을 알지 못하기 때문에, 운명을 선택해야만 한다는 거네요."

산사태는 몇 시간뒤 처리가 되었다. 산사태에 안절부절못하고 짜증내던 사람도, 나와 함께 사진을 찍으러 돌아다녔던 사진작가들도, 아무 생각 없이 기다리던 사람들도 모두 다 가려던 길을 갈 수 있었다. 산사태가 발생했기 때문에 나는 많은 사람들을 만날 수 있었고, 많은 사진들을 찍을 수 있었다. 정말 멋진 날이었다!

"내가 어찌할 수 없는 상황에 너무 마음 쓰지 마라! 모든 일은 다 잘되라고 생긴 일이니, 하늘의 계획을 믿으라!"는 히말라야 성인의 말처럼, 결국에 모든 일이 다 잘되라고 생기는 일처럼 느껴졌다.

내가 그의 사진을 찍어서 보여 주자, 그는 호탕하게 웃으며 말했다.

"어쩌면 자네가 나의 사진을 찍게 해주기 위해서, 그리고 그것에 내가 감사하기 위해서 산사태가 난 것 같군! 이런 게 운명이 아니면 무엇이겠는가? 허허허."

14.

어떤 만남이든 다 이유가 있다. 모든 사소한 만남들까지 의미를 찍어다 붙일 필요는 없다. 하지만 모든 사소한 인연들까지도, 소중하게 여길 줄 아는 게 좋다. 아무 상관없어 보이는 모든 만남들이, 어떤 식으로든 다 연결되어 있으니 말이다. 나의 인생은 나만의 인생이 아닌 세상 모두의 인생들과 함께 살고 있는 것이다. 과거는 현재에, 현재는 미래에 영향을 미치듯, 히말라야 성인은 나에게, 그리고 그의 사진을 보고 있는 당신에게 영향을 미친다.

15.

만약 운명을 미리 다 알고 있다면 어떨까? 결말을 뻔히 알고 있는 인생은 무슨 재미로 살아야 할까? 그건 반전영화의 결말을 미리 알고 보는 것보다 더 지루할지도 모른다. 우리의 인생은 수많은 변수들과 반전의 연속이기에 흥미롭고, 노력하며 살아갈 가치가 있다. 사람들은 다 살아 보면 알고 싶지 않아도 알게 될 것들을 좀 더 빨리 알고 싶은 욕심에 용하다는 점쟁이를 찾아가거나, 사주팔자를 보기도 한다.

＊운명

16.

산사태가 해결되고 다시 험난한 길을 달리던 차는 얼마 못 가서 고장이 났다. 잠시 차를 세워둔 사이에 주변을 어슬렁거리다가 한국인 아저씨 한 명을 만나 짜이를 한 잔 했다. 아저씨는 근처에 신비의 부적을 써 주는 히말라야 점쟁이가 살고 있다는 이야기를 했다. 지난 추억이 생각나 오랜만에 다시 이곳에 와보고 싶었다며, 이야기를 시작했다.

17.

한 남자가 있었다. 그는 아무런 꿈도 없고, 뭘 해야 할지도 몰랐다. 잘하는 것도 아무것도 없는 것 같고, 딱히 하고 싶은 것도 없었다. 뭘 해도 되는 일도 하나도 없었다. 이젠 어떻게 살아야 할지도 막막하기만 할 뿐이었다. 그가 가진 건 오직 절망과 고통뿐이었다. 죽는 것보다 사는 게 몇 배는 더 무섭게 느껴졌다. 그렇게 자신의 더러운 운명을 탓하며, 자살을 결심했다. 한강에서 뛰어내리기 위해 소주 한 병을 마시고 걸어가던 중 우연히 용하다는 점집이 눈에 띄었다.

그는 생각했다. "나는 앞으로 몇 분후에 죽게 될 운명이다. 점쟁이가 정말 용하다면, 나의 죽음을 알고 있어야만 한다. 하지만 분명 점쟁이는 내가 몇 분후에 죽게 될 걸 모를 거다. 마지막으로 죽기 전에 점쟁이에게 세상을 향한 나의 분노와 저주를 쏟아 내고 가는 것도 나쁘지 않겠다." 이런 생각으로 들어간 점집에서 점쟁이는 그를 보자마자 대뜸 이렇게 말했다.

"죽을 거면 빨리 가서 죽지! 여기는 왜 들렀어?"

그 말을 들은 그는 너무 놀라서 잠시 할 말을 잃고 멍하니 서 있었다.

"어떻게 아셨나요?"

"네 얼굴에 쓰여 있어! 나 죽으러 감이라고……."

점쟁이는 그의 모든 걸 다 알고 있는 것만 같았다. 그의 생년일시 등을 말하고는, 30분가량을 점쟁이와 상담했다. 상담을 통해 점쟁이를 깊이 신뢰하게 된 그는 점쟁이가 시키는 거면 뭐든 하겠다고 말했다.

"정말 뭐든 할 수 있겠어?"

"어차피 죽으려고 했는데, 세상에 못할게 뭐가 있겠습니까! 당신 말대로 나도 성공할 수 있다면, 그게 뭐든 다 하겠습니다!"

"아주 간단해! 뭘 해도 다 잘되게 해주는 신비의 부적 하나만 가지고 있으면 돼!"

"그럼 어서 신비의 부적을 써주세요! 부적이 얼마든 상관없어요! 내가 돈을 훔쳐서라도 당장 부적을 쓰겠습니다."

그러나 점쟁이의 답변은 황당함의 극치였다. 부적은 히말라야 어딘가에서 구할 수 있다는 말을 한 것이다. 그는 보통의 점쟁이라면 대충 부적 하나 써 주고 돈이나 챙기려 했을 텐데, 그토록 멀리 있는 곳에서 부적을 쓰라는 걸 보고, 더욱 깊이 점쟁이를 신뢰하게 되었다.

점쟁이가 눈을 크게 뜨고 그를 노려보며 말했다.

*운명

"내가 그곳에 찾아가는 방법을 알려줄 터이니 돈이 없으면 빚을 지든지, 도둑질을 해서라도 그곳에 찾아가서 부적을 쓰도록 해! 그 부적만 가지고 있으면, 뭘 하든 모두 잘될 것이야! 우선 안전하게 그곳까지 잘 찾아갈 수 있게 해주는 길잡이 부적을 써 줄게."

점쟁이는 순식간에 길잡이 부적을 그려서 건네주며 다시 말했다.

"이 부적을 가지고 당장 떠나!"

자살을 하러 가던 도중에 들른 점쟁이의 말대로 그는 죽음을 포기하고 곧바로 히말라야로 향했다. 길잡이 부적을 가지고 있던 그는 생각보다 쉽게 히말라야 어딘가에 살고 있다는 점쟁이를 만나 신비의 부적을 받았다. 신비의 부적을 가지고 한국으로 돌아온 그는 점쟁이의 예언대로 큰 성공을 이뤄 냈고, 고마운 마음에 다시 점쟁이를 찾아갔다.

점쟁이는 그를 보고 웃으며 말했다.
"역시 잘 해낼 줄 알았어!"

그가 점쟁이에게 선물을 내밀며 말했다.

"정말 감사합니다. 당신 덕분에 오늘의 제가 존재할 수 있었습니다."

점쟁이가 크게 웃으며 대답했다.

"내 덕분이 아니라 너의 믿음이 오늘의 너를 존재하게 한 거지! 난 사실 해외에 한 번도 나가 본 적이 없어. TV에서 히말라야 어쩌고 하는걸 보고 있었는데, 곧 죽을 얼굴을 하고 있는 네 녀석이 갑자기 찾아온 거고, 그래서 뜬금없이 히말라야를 말했던 거야! 너는 실제로 신비의 부적을 써 주는 성인이 있을 거라고 믿었기 때문에, 너의 믿음이 그를 만나게 해준 거고, 부적에 대한 너의 믿음이 지금의 성공도 만들어 낸 거지."

"그럼, 그때 나한테 한 말이 전부 다 구라?"

점쟁이가 깔깔거리며 대답했다.

"몰랐어? 원래 점쟁이들이 다 구라로 먹고사는 거잖아! 사람들이 불행하고, 불안하다 보니까 세상엔 이런 점집들이 많은 거야!"

"그런 비밀을 굳이 말해 줄 필요는 없을 텐데, 왜 말해 주는 건가요?"

"상관없지 않아? 어차피 넌 여기 다신 안 올 거고, 내 장사에 어떤 영향도 미치지 않을 테니까! 그리고 그건 감출 거도 못 돼. 사실은 구라라는걸 알고 있으면서도, 믿고 싶고 의지하고 싶어 서 찾아오는 게 인간이니까. 넌 그때 스스로에게 부정의 자기최면을 걸고 있었어. 자신에 대해 지나치게 부정적인 평가를 내리고, 자신의 잠재능력과 무한한 가능성을 조금도 믿지 않았지. 자신의 운명이나 탓하는 너에게 부정적 최면을 깨고, 긍정의 자기최면으로 바꿔주기 위해선 플라시보 효과 말고는 답이 없었다고 판단했어."

"가짜부적에 대한 믿음이 플라시보 효과를 발생시켰단 말인가요?"

"뭐, 어찌 되었건 결국 믿음이 기적을 일으키게 했으니 된 거지! 자네가 성공한 기념으로 부적 하나를 선물로 써 줄게!"

*운명

점쟁이는 한글로 "뭘 하든 잘 되리라"라고 또박또박 종이에 써서 건네주었다.

"무슨 부적이 이래요?"

"그냥 닥치고 믿어!"

"세상은 믿음만 가지고, 뭘 하든 잘될 만큼 말랑말랑한 게 아니에요!"

"물론 노력도 필요하고, 그만큼 운도 따라야 하지."

"근데, 정말로 모든 게 구라였나요?"

"모든 인간은 태어날 때부터 정해진 운명이라는 게 있어! 그래서 관상, 사주팔자, 궁합, 손금 이런 걸 함부로 무시하면 안 돼! 사주는 절대로 틀리는 법이 없거든!"

"그럼 대체 뭐가 거짓이었죠?"

"운명이 미리 정해져 있는 건 맞아! 넌 날 찾아온 날 죽을 운명이었어! 거기까진 거짓말을 하지 않았지만, 히말라야에 가서 부적을 쓰면 다 잘될 거란 거짓말을 했지. 그래서 넌 죽지 않고, 이렇게 성공해서 잘살고 있으니깐, 운명이 정해져 있지 않다는 말도 맞는 거야!"

"모든 건 변한다는 게 가장 정확하게 맞는 말이겠네요."

"그래서 점을 보러 오는 사람들에게 내가 말해주는 모든 건 진실이면서, 동시에 거짓일 수도 있는 거지!"

"점괘대로 되어야 하는 게 맞지만, 운명의 가변성으로 인해 그대로 되는 건 하나도 없으니까요."

"정해진 운명대로 살다가 죽는 사람들이 더 많을 거야! 그게 제일 편하거든! 궁합이 안 좋다고 하는데, 굳이 힘들게 운명을 바꿔 보려고 노력하면서 사는 것보단 헤어지는 게 더 쉬운 것처럼!"

"궁합이 나빠도 행복하게 사는 게 가능할까요?"

"나는 단지 운명을 말해 줄 수 있을 뿐, 운명을 결정지어 줄 수는 없어! 내가 궁합이 나쁘다는 사실을 말해 줄 수는 있어도, 그들이 행복하게 사는 걸 막을 수는 없는 거야!"

"내가 그때 죽어야 할 운명인데, 살아서 성공하는 걸 운명이 막지 못한 것처럼요?"

"그래, 하지만 세상엔 아무리 노력해도 바꿀 수 없는 숙명도 있다는 걸 인정해야

해. 그래서 좋든 싫든 하늘의 순리에 따르는 삶이 가장 마음이 편한 거야! 이런 걸 무슬림들은 이렇게 말한다지."

"인샬랴(inshallah)!"

＊운명

그는 나에게 자신이 성공하게 된 사연과 이곳에서 나를 만난 이유 등을 설명하며, 자신에게 신비의 부적을 써 준 히말라야 점쟁이와 함께 찍은 자신의 사진을 보여 줬다.

그 사진 속의 인물은 조금 전에 산사태로 인해 만났던 히말라야 성자의 사진이었다. 조금 전에 만났지만 사진을 통해 다시 만나니 신기하고 반가웠다. 조금 과장해서 말한다면, 전혀 관련 없어 보이는 사람들이 마치 퍼즐조각처럼 흩어져 있다가 한 지점에 하나로 합쳐지는 듯한 느낌까지 받았다.

18.
이 세상을 살아가고 있는 모두는 운명이라는 하나의 끈에 강하게 연결되어, 서로에게 영향을 미치는 존재들이다. 지금까지 나의 이야기 속에 등장하는 전혀 관련 없어 보이는 그들 모두와 내가 찍은 그들의 사진을 보며, 나의 이야기를 읽고 있는 당신 또한 운명이라는 하나의 끈에 연결되어, 서로의 존재를 인식하지 못하면서도, 서로에게 어마어마한 영향을 주면서 함께 살아가고 있다.

19.
내가 사진을 찍고 있을 때, 사진 속의 아이가 나에게 누구냐 묻는다면, 난 인도거지처럼 대답하고 싶었다.

"난 너의 사진을 찍기 위해 지금 이 시간, 이곳에, 우연히, 운명처럼 존재하는 인간일 뿐이다"라고……. 어차피 알아듣지도 못하겠지만.

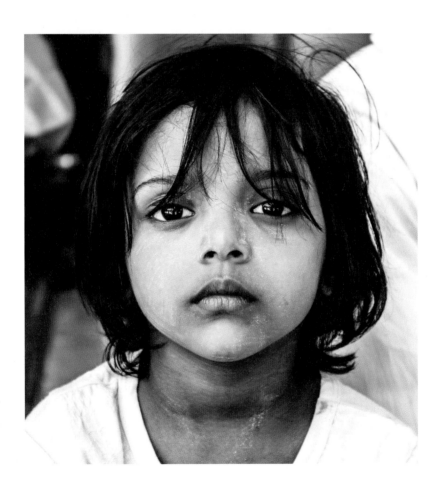

*운명

용서

그녀를 만나고 느꼈던 분노와 복수심은 이미 내 안에서 모두 사라지고

알 수 없는 평온함이 내 안을 가득 채웠다.

그 평온함 속에는 분명 약간의 사랑이 깃들어 있는 게 느껴졌다.

내가 가진 평온함으로 그녀의 아픔과 상처들을 달래 주고 싶었다.

바라나시 이야기

PART 1 갈림길

두 갈래로 나누어진 바라나시의 좁은 골목길에서 난 오른쪽으로 가야 했나 보다. 단지 왼쪽으로 가기를 선택했다는 사실 하나만으로 나의 평온했던 마음은 돌이킬 수 없는 분노에 휩싸이게 되었다.

어느 평범했던 나의 오후가 오른쪽으로 갈지 왼쪽으로 갈지에 대한 몹시도 사소한 선택에 의해 이토록 거대한 영향을 미치며, 나의 감정을 극단적으로 바꾸어 놓을 거라고는 짐작도 하지 못했다. 왼쪽 골목으로 돌았을 때, 난 한순간에 살인충

동을 느꼈다. 왼쪽 모퉁이를 돌았을 때, 내 눈에 들어온 건 한 여자였다. 그녀는 여전히 아름다웠다. 스치듯 우연히 만난 게 전부이지만, 단 한순간도 그녀를 잊고 지낸 적이 없다.

그녀를 처음 만났던 8개월 전의 그날도 그랬다. 낯선 도시에 도착해 배낭을 메고 혼자 숙소를 찾아 헤매다가 만난 갈림길에서 그때도 난 왼쪽 골목을 선택했다. 그리고 그 골목에서 눈부시게 아름다운 그녀를 만났다. 무언가에 이끌리듯 그녀가 친구와 함께 들어가는 백배커에 따라 들어가면서부터 나의 악몽이 시작되었다. 그녀가 많은 사람들의 돈을 털어가던 그날 밤이었다. 난 그녀의 절도행각을 우연히 보고야 말았다. 그리고 그날 밤 그녀가 내 방에도 몰래 들어와 내가 가진 짐과 돈까지 몽땅 털어갔다는 사실이 내가 알고 있는 그녀의 전부다.

그녀는 수많은 사람들의 돈을 훔쳐간 도둑을 나로 조작하고는 자신의 남자친구와

내가 왼쪽을 선택했던, 바라나시의 갈림길

함께 사라져 버렸다. 돈을 털린 것을 확인하고, 패닉상태에 빠져 있던 나에게 그녀가 조작해 둔 증거를 가지고 사람들이 찾아왔다. 그들 중 일부는 나를 경찰에 넘기려고 했고, 일부는 당장 돌려주지 않으면 나를 죽이겠다고 협박까지 하며 내 방을 뒤졌다. 그들은 내 방에서 그녀가 나를 도둑으로 몰기 위해 숨겨둔 그들의 물건까지 찾아냈다.

난 도둑이 누군지 알고 있고, 나 자신은 찔리는 거 하나 없이 당당하기에 별다른 문제가 없을 줄 알았다. 그러나 사람들의 분노는 말도 안 되는 증거를 가지고, 나를 도둑으로 몰아가기에 바빴다. 실제로 생명의 위협까지 느낀 나는 누명을 뒤집어 쓴 채로 겁에 질려 도망칠 수밖에 없었다.

나를 도둑으로 오해하는 사람들을 피해 다니며, 그녀를 찾아야만 했다. 나를 잡으려는 사람들을 우연히라도 마주칠까 봐 단 한순간도 마음 편히 있지를 못했다. 비슷한 얼굴의 사람이라도 보게 되면 심장이 덜컹거리며 무너져 내리는 듯했다. 어쩌면 내가 겁먹고 도망친 것이 결국은 내가 도둑인 걸 인정하는 꼴이 된 건지도 모른다.

당장 차비가 없어 그들로부터 멀리 도망칠 수도 없었고, 그녀를 찾으러 다니기도 힘들었다. 아무것도 먹지 못하고 노숙을 했다. 멀리라도 경찰이 보이면 두려움과 공포감에 떨어야 했다. 그녀는 내 스마트폰 까지 가지고 가 버렸다. 마지막 그녀의 모습이 기억난다. 내 전화기를 들고 있는 손으로 '안녕'이라 말하며, 나에게 손을 흔들며 차를 타고 가 버렸다. 난 도움 청할 연락처 하나 외우고 있지 못했다. 며칠을 굶으니 너무 배가 고파서 눈물이 났다. 극도의 외로움과 우울증, 배고픔 속에 나는 자살충동까지 느꼈다.

내가 뒤집어쓴 누명으로 인한 고통이 배고픔보다 더 큰 고통을 주었다. 그 이후로도 나는 몇 번이나 이보다 더 끔찍한 경험을 했지만, 그 모든 시작은 그때의 골목길 선택으로 인해 발생한 것이었다.

세상이 좁다는 건 이럴 때 하는 말일 것이다. 왼쪽 모퉁이를 돌았을 때 분명 내 앞에는 나에게 누명을 씌우고 내 모든 것을 가져갔던 그녀가 있었다. 난 이제 복수를 할 수 있었다.

소가 막고 있는 바라나시의 좁은 골목길

그녀와 나 사이에는 소 한 마리가 있을 뿐이었다. 좁은 골목길을 틀어막고 비켜주지 않는 소로 인해 우리의 간격은 점점 멀어지고 있었다. 바라나시에는 소가 멈춰 있으면, 사람이 지나갈 수 없는 골목들이 있다. 난 결국 소에게 욕설을 퍼부으며 발로 차버렸다. 나에게 맞은 소는 나를 머리로 들이받으며 뛰어왔다. 그녀를 앞에 두고 나는 소를 피해 도망쳐야만 했다. 소에게 들이받은 부분의 통증이 점점 심해졌다. 망할 놈의 소들이 왜 이렇게 많은 건지 소를 원망하며, 나의 시야에서 사라져 버린 그녀를 찾아 그렇게 한참을 방황했다.

*용서

소

소가 들이받은 부분을 손으로 부여잡고 아파하고 있을 때, 바라나시의 보트맨 철수가 지나가다가 나를 발견하고는 말을 걸었다. 철수는 한국말을 아주 잘한다. 나를 보고 형이라고 하지만, 철수의 얼굴을 보면 절대로 내가 형이라고 인정할 수 없다. 철수한테는 반말도 안 나온다.

"형! 어디 아파요?"
"미친 소가 들이받았어요! 여긴 미친 소들이 왜 이렇게 많은 거예요?"
"인도는 소를 숭배하는, 세계 최고의 소 보유국가니까 소가 많을 수밖에요."
"왜, 그딴 걸 숭배해요?"

226

"소는 아주 옛날부터 버릴 곳 하나 없이, 다 뜯어먹어도 될 만큼 몹시 맛있는 동물이었어요! 그 정도면 신성시 여길 만한 자격이 충분했던 거죠. 물론 저는 소고기를 절대로 먹지 않지만!"

"그러니까 인도소가 맛있어서 신성시 여기게 되었다는 거네요?"

"네, 맛있는 소고기는 마치 부모가 자식에게 주는 무한한 사랑과 희생처럼 보이잖아요. 그래서 소는 사랑과 희생의 화신으로 여겨지면서, 제사의 제물로 사용되었어요."

"제물로 다 잡아먹으면 소가 별로 없어야죠!"

"부처님은 소가 없이 농사짓기가 힘든 인도에서 제사로 인해 소들을 죽이는 걸 걱정하셨어요. 결국 더 이상 소를 잡아먹지 못하게 하기 위해, 불교의 '불살생'이라는 교리를 만들어서 제사를 못 지내도록 막았죠."

"이후 부처의 불살생을 실천 계율로 채택한 힌두교는 암소를 성스러운 신들이 살고 있는 영물로 만들어서 경전에 이렇게 기록했다고 해요."

*용서

"소의 똥에는 여신 락슈미가 살고 있고, 소의 오줌에는 깐따라 뻬아신이, 소의 가슴에는 스깐다신이, 소의 이마에는 쉬바신이, 소의 혀에는 사라와띠신이, 소의 음메 소리에는 베다의 네 여신들이, 소의 등에는 야마신이, 소의 우유에는 여신 강가가 살고 있다."

"경전에만 기록하면, 사람들이 바로 믿고 따르나요?"

"네, 그 이후 소는 급격하게 숭배의 대상이 돼 버렸어요. 소가 신성시 여겨지기 때문에 농촌에서는 집 담벼락에 소똥을 덕지덕지 발라 액막이를 해요. 브라만들은 서재를 소 오줌으로 정화시키죠. 마을 우물이 오염되면 우물을 다 퍼내고 소 오줌을 넣기도 해요. 독실한 힌두교 신자들은 오염된 몸을 정화하기 위해 소의 똥, 오줌을 우유, 버터, 요구르트 등에 섞어서 마셔요. 이런 맛있는 혼합 주스는

229   ＊용서

부정을 몰아낸다고 하더라고요."

"사람들 참 단순하네요! 그런 걸 믿다니! 요즘 사람들은 그런 상콤한 주스 안 마시죠?"

"요즘에는 똥오줌 말고 더 상콤한 걸 넣는다고도 하더라고요."

"근데, 쓰레기나 주워 먹고 돌아다니는 거지 소들은 뭔가요?"

"전부 다 주인이 따로 있어요. 동네 건달 소들을 잡아다가 묶어 두면 며칠 만에 다 죽어 버려요. 자유영혼을 가진 보헤미안들이라 집에다 가둬 두면 정신장애를 일으키거든요. 게다가 맨날 더러운 쓰레기나 주워 먹다가 제대로 된 소밥을 먹이면 속이 뒤틀려서 죽어요."

230

"인도 소들이 다 자유로워 보이진 않던데요?"

"네, 농사를 짓거나 노동을 하며, 평생 고생만 하다 죽는 소들이 더 많죠."

"모든 소를 다 숭배하는 건 아닌가 봐요?"

"네, 신성시 여기는 소들보단 '병신' 취급받는 소들이 더 많죠. 소한테 맞은 건 좀 어때요?"

"뭐, 그냥 살짝 골절된 정도?"

"정말 다행이네요."

철수네 형제들과 선재는 라이벌이라서 서로 인사도 나누지 않는다.

*용서

사진 속 선재의 본명은 '산제이'다. 빨리 읽으면 선재가 된다.

^{PART 3} 선재&철수 형제 이야기

소에게 받힌 상처가 너무 아파서 밥 먹고 들어가서 쉬려고 선재네 멍카페에 갔다. 선재는 멍카페를 운영하는 보트맨이다. 동국대학교 어학원을 졸업하고 류시화 작가님, 탤런트 김혜자 씨 등과도 친분이 있다고 한다. 한국어를 말하는 것뿐 아니라 읽는 것도 잘한다. 선재의 멍카페는 무료 인터넷 사용이 가능한 PC와 한국 서적들을 구비해 두었으며, 대여도 가능하다. 카페 분위기도 나쁘지 않으며, 한식도 나름 먹을 만하다.

멍카페에서 식사를 마치고 만수네 짜이집에 짜이를 마시러 갔다. 바라나시에서 만수네 짜이집은 한국인들의 사랑방 같은 역할을 하고 있다. 만수의 본명은 '빛'이라는 뜻의 프라카쉬다.

짜이를 한잔 마시고 있는데, 어제 소에 대해 이야기해준 바라나시의 전설적인 보트맨 철수가 아들과 함께 와서 인사를 한다. 철수라는 이름은 바람의 딸 '한비야' 씨가 지어 줬다고 한다. 만수는 철수의 막냇동생이다.

철수와 철수의 아들   스쿠터를 타고 있는 세창

철수에게는 게스트 하우스를 운영하는 잘생긴 동생 세창이도 있다. '탤런트 이세
창' 씨를 닮아서 세창이라는 한국 이름을 가지게 되었다고 한다. 세창에게는 아주
특별한 사연이 하나 있다. 세창은 골목길을 지나다가 가게에 앉아 있던 소남을 보
고는 첫눈에 반해 버린다. 소남 역시 세창이 마음에 들었으나, 소남의 부모님은
세창의 카스트가 낮아서 안 된다며 결혼을 반대했다. 카스트나 부모님보다 사랑
이 더 중요했던 소남은 가출해서 세창과 결혼한다. 그 사실을 알고 격분한 소남의
부모님은 둘 다 교도소로 보내 버렸다. 세창과 소남을 빼내기 위해 철수는 많은
돈을 들여서 한 달 만에 세창을 감옥에서 꺼내 줬다.

밝게 웃고 있는 만수와 짜이카페 사진

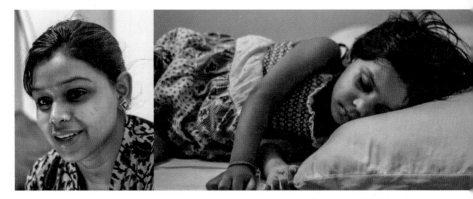

세창의 부인 소남과 세창의 딸

PART 4 복수

다음날 나는 아침도 먹지 않고 바라나시 어딘가에 있을 그녀를 찾아 방황하다 길을 잃었다. 찾는 걸 포기하고 배고픔을 해결하기 위해 아무 생각 없이 식당에 들어갔다. 그녀가 서양인 친구와 수다를 떨고 있는 모습이 눈에 들어왔다. 당장 달려가서 따귀를 날려 버리고 싶은 충동이 몹시 강하게 일어났지만, 주변에 사람들이 너무 많은 관계로 나는 잠시 흥분을 가라앉히고 둘의 대화를 들으며 어떻게 할지를 고민해 보기로 했다.

"아까 그 사람 날 좋아하는 것 같아. 정말 마음에 안 들어!"
"널 좋아하는 게 왜 싫어?"
"그 사람이 나를 좋아하는 건 싫지 않은데, 그 사람은 너무 싫어!"
"넌 맨날 너를 무시하고 함부로 대하는 사람한테만 끌리는 것 같더라!"
"나를 무시할수록, 관심을 얻고 싶어지더라고."

둘은 오랜 친구 같은 느낌이 들었다. 잠시 후 그들은 계산을 하고 밖으로 나가 버렸다. 나는 어떻게 해야 할지를 좀 더 고민하면서 그녀들을 미행했다. 그녀의 친

구는 다행스럽게도 어딘가로 먼저 가 버리고, 그녀 혼자 호텔로 들어갔다. 눈에 띄지 않게 나는 그녀의 방까지 알아냈다.

복수를 어떻게 해야 할지를 고민할수록 심장은 쫄깃쫄깃해져 갔다.
방문을 잡았다가 놓았다가를 수차례 반복했다.

호텔 베란다에서 담배를 피면서 다시 고민했다. "그래. 일단 방으로 들어가서 그녀를 만나자!"라고 마음의 결정을 내린 후 방문을 돌렸다. 문이 열려 있었지만, 방에는 아무도 없었다. 그녀가 샤워를 하는 소리가 들렸다. 스마트폰부터 지갑까지 모두 침대 위에 있었다. 미치도록 복수가 하고 싶었는데, 어떻게 복수를 해야 할지 도무지 방법이 떠오르지 않았다.
나는 그녀의 전화와 여권, 지갑까지 훔쳐서 밖으로 조용히 나왔다. 사토미란 이름의 24세 일본여자라는 그녀의 신원을 확인했다. 느닷없이 이런 생각이 들었다. "어쩌면 내가 복수하려는 그 여자가 아닐지도 모른다" 난 닮은 사람을 보고 엄청난 착각을 해서 도둑질까지 저질러 버린 거다. 난 결국 다시 방으로 들어가 그녀의 물건들을 제자리에 두었다. 그때 알몸의 그녀가 샤워를 마치고 수건으로 몸을 닦으며 걸어 나오다 나와 눈이 마주쳤다.

＊용서

그녀는 나를 보고 놀라거나 전혀 당황하지 않았다. 그녀는 나에게 "오랜만이네"라고 말하며 수건으로 몸을 닦고 머리를 말렸다. 자신의 아름다운 몸매가 자랑스럽기 때문에 전혀 부끄럽지 않은 듯 전라의 그녀가 나에게 다가왔다. 그리곤 나를 끌어안더니 나에게 부드럽게 입맞춤을 해주고는 속삭이듯 말했다.

"나랑 잘래?"

예상과는 다른 그녀의 행동에 당황한 나는 아무것도 할 수 없었다. 다행히 일단 내가 생각했던 여자가 맞고, 그녀도 나를 기억하고 있는 게 분명했다. 그녀는 누구도 거부할 수 없는 자신의 아름다운 몸으로 나를 이용하려 하고 있다. 그녀가 나를 원할 리는 없다. 그녀의 유혹에 빠져 같이 잔다면, 분명 강간으로 나를 신고해서 돈을 뜯어 간다거나 더 큰 문제를 만들어서 나를 파멸시킬 게 분명했다.

난 그녀에게 떨리는 목소리로 작게 말했다.

"난 사랑하는 사람이 아니면, 하지 않아."
"풋, 요즘 세상에 그런 남자가 어디 있어? 지금 그 말을 나보고 믿으라는 거야? 사랑하지 않아서 못하는 거라면, 지금부터 날 사랑하면 되잖아."
"가짜 사랑 따윈 안 해."
"진짜 사랑은 없어. 모든 사람들은 자신의 필요에 의해 가짜 사랑을 하고 있어. 가짜 사랑이라도 가짜 사랑을 하고 있는 동안에는 사랑받는다는 느낌이나, 사랑하고 있다는 느낌을 받을 수 있기 때문에 모든 인간에게 가짜 사랑은 반드시 필요해."
"헛소리하지 마! 지금 그런 말이 전혀 어울리지 않게 왜 튀어 나오는 거야?!"

그녀는 나를 끌어안은 채로 나직하게 귀에다 속삭이듯 말했다.

"나를 가지려는 남자들의 소유욕은 사랑으로 변하지 않지만, 나에 대한 분노와 미움은 언제든지 사랑으로 변할 수 있어."

그녀의 이해할 수 없는 행동과 말들에 복수를 결심하고 왔던 나는 큰 혼란에 빠졌다. 그녀의 입술은 나의 귀를 살짝 깨물었고, 그녀의 혀는 내 귀를 간지럽혔다.

난 그녀를 떼어 내며 말했다.

"나 여자 있어. 난 너랑 놀려고 찾아온 게 아니야!"
"너 바보니? 그녀는 널 소유할 수 없어. 너는 그녀의 소유물이 아니야! 만약 그녀가 널 소유하려 한다면 그거야말로 가짜 사랑이야! 네가 그녀를 사랑하지 않기 때문에 나랑 잘 수 있는 게 아니야. 넌 그녀를 사랑하겠지만, 이건 용서와 화해라는 측면의 또 다른 의미의 사랑이야! 그녀가 널 소유하려 들기 때문에 네가 그걸 신경 쓰며 나와 사랑을 나누지 못하는 거라면, 너의 영혼은 얼마 못 가 메말라 죽고 말 거야."

그녀는 나의 손을 자신의 가슴에 가져다 대고 말했다. 그녀의 부드러운 살결과 심장의 두근거림이 느껴졌다. 그녀는 놀라울 정도로 자신의 외모에 대한 강한 자신감을 가지고 있었다.

"너의 그녀도 충분히 아름다울 거라 생각해. 하지만 지금이 아니면 언제 나처럼 아름다운 여자를 가져 보겠니?"

그녀는 다시 나를 끌어안고 뺨에 입을 맞추며 말했다.

"두려움 따윈 이제 그만 내려 두도록 해! 그래야만 온전히 즐길 수 있을 거야."
"네가 나한테 저지른 일 때문에, 난 지금까지도 고통 받으면서 너를 저주하며 살아왔어! 이런 내가 어떻게 너와 사랑을 나눌 수 있겠어!"

*용서

"그래서 어떻게 복수를 하고 싶은 건데? 때리는 게 나을까? 죽이는 게 나을까? 아 님 내가 했던 것과 똑같이 해주는 게 나을까? 너도 사실 날 원하잖아. 날 못 믿 어? 섹스를 원하는 사람을 믿지 말지는 상처받는 걸 두려워하는 여자들의 고민이 지, 종족번식의 의무를 가지고 태어난 남자들의 고민이 아니야! 죄는 미워하되 죄 인은 사랑하라고 인도의 간디도 말했잖아. 그러니 무의미한 복수를 생각하기보 단, 나를 사랑으로 용서하는 게 가장 현명한 판단 아닐까?"

"난 너를 절대로 용서할 생각이 없어! 너 때문에 모든 걸 망쳤어! 한국으로 돌아갈 차비라도 만들려고, 겨우 일자리 구해서 일 시작했는데, 너 땜에 나를 도둑으로 보고 경찰에 넘기려 했던 무리들이 찾아와선 그것마저 다 말아먹었어!"

"그래서? 이미 다 지나가버린 과거일 뿐이잖아!"

"뭐, 과거? 내가 지금까지 너 때문에 얼마나 개고생 했는데, 과거니까 다 잊으 라고?"

그녀는 나의 분노를 전혀 듣지 않은 듯 조금도 공감할 수 없는 황당한 답변을 했다.

"그럼 나와의 섹스에 최선을 다해줘! 지금으로선 그게 네가 나에게 할 수 있는 최 선의 복수야! 나에게 평생 잊지 못할 만큼의 놀라움을 보여 준다면, 난 다른 남자 와 섹스할 때마다 네가 생각날 거야! 섹스는 언제나 과거에 같이 잔 남자들의 테 크닉이나 기억과 충돌하게 되면서, 지금 자고 있는 남자의 성적인 능력이 떨어진 다고 느낄 때마다 과거에 오르가즘을 느끼게 해준 남자와의 잠자리를 그리워지게 만드는 법이야. 네가 그렇게 해준다면, 난 너를 평생 잊지 못하고 너에 대한 그리 움 속에 하루하루 고통 받으며 살게 될 거야!"

"너 미친 거야? 나한테 왜 그래? 넌 내가 그렇게 해줄 수 있을 거라고 생각해?"

"응, 복수에 초점을 맞추고 한 여자와 처음이자, 마지막으로 사랑을 나누게 된다 면, 분명 자신의 만족이 아닌 여자의 만족에 목적을 둔 행위가 가능하거든."

"내가 그렇게 해달라는 것처럼 들리는데?"

"맞아, 넌 그렇게 할 수 있을 거야."

"난 그렇게 할 수 없어! 난 널 영원히 저주할 거니까! 너를 죽여 버리고 싶을 만큼 강한 나의 분노가, 너에 대한 욕망으로 바뀐다는 건 절대 불가능해! 너에 대한 악감정 때문에 지금 너랑 자도 내가 쾌락을 느끼거나, 너를 사랑하게 돼서 용서하는 일은 절대 생기지 않아!"

그녀는 여전히 나의 분노 따위는 조금도 관심 없다는 듯 자기 말만 했다.

"넌 내가 전혀 섹시하지 않은 거니?"
"너라면 세상 모든 남자들이 자고 싶어 할 거야. 네가 섹스를 통해 나에게 용서를 바라는 건지, 아니면 다른 방식으로 나를 이용해 먹기 위한 건지, 나한테 지금 이러는 게 도무지 이해가 안 가! 대체 지금 나한테 왜 그러는 거야? 너의 입에서 나오는 말들도 너무 혼란스러워, 내일 다시 이야기하는 게 좋을 것 같다. 내일 오후 2시에 버닝가트 앞으로 나와!"
"내일 난 바라나시에 없을 거야! 오늘밤에 10시쯤 다시 와!"
"넌 나한테 용서를 바란다면서, 미안하다는 말도 안 해?"
"꼭 말이 필요해? 난 말이 존재하지 않는 언어의 세계에서 너에게 용서받고 싶었던 건데……."
"넌 무슨 책에서나 나올 법한 문장들을 전혀 어울리지 않는 상황에서 자연스럽게 잘도 꺼낸다! 너 뭐야! 정체가 뭐냐고? 네가 홀딱 벗고, 내 앞에서 그런 말들을 하니깐 내가 제대로 된 판단을 못하겠어! 이따가 10시에 다시 올게!"

PART 6 가트

복수를 하러 들어갔지만 아무런 소득도 없었던 그녀의 방에서 나온 나는 철수에게 보트를 타고 일몰을 보고 싶다고 말했다. 철수가 6시까지 여기로 다시 오라고 말했다. 난 남아 있는 시간 동안 가트를 거닐며 마음을 진정시키려 노력했다.

바라나시는 옷을 두껍게 입은 수줍음 많은 처녀 같아서, 매력을 발견하고 속살을 보여 주기까지 두 달이란 시간이 필요했다.

만신이 살고 있다는 전설과 신화로 가득한 도시에 대한 큰 기대감으로 만난 바라
나시의 첫인상은 나에게 실망밖에 주지 않았다.
두 번째, 세 번째 만남에서도 역시 마찬가지였다.

그리고 네 번째 만남에서 바라나시의 매력을 발견한 나는 치명적인 매력에 푹 빠
져들어 헤어나기 힘들었다.

*용서

가트(갠지스 강의 돌계단)

메인가트

더러운 혼란, 그 외 특별한 건 아무것도 없는 곳.
아무것도 아닌 듯, 아무것도 없는 듯 모든 게 있는,
세상에서 가장 특별한 그곳, 바라나시!

강가는 나의 분노보다 더럽고, 가트는 나의 마음처럼 혼란스러웠다.
타다 남은 시체 찌꺼기와 동물시체들, 쓰레기들이 떠다니는 강물에선 언제나 많
은 사람들이 수영을 하거나 목욕을 하고 있다.

＊용서

죽은 동물이 떠있고……

그런 물을 받아서,

샤워를 하고,

*용서

할매들도 씻고,

아이들도 씻고,

소도 씻고,

강아지도 반신욕을 즐긴다.

＊용서

혼자 조용히 가트를 걸을 때면 철학책을 한 장씩 넘기는 듯한 기분이 들면서, 수많은 철학자와 사상가들이 이곳에서 깨달음을 얻어간 이유를 알 것 같았다.

태초에 천상에 흐르던 강인 갠지스 강은 지상에 큰 가뭄이 들자 쉬바신이 천상에서 물줄기를 자신의 머리로 받아 땅으로 내려 가뭄을 막았다. 그 이후 갠지스 강은 쉬바신 그자체로 여겨지며 신성시 여겨져 왔다.

가트에서 연 날리는 아이

세상에서 가장 성스럽고 깨끗하다는 갠지스 강은 정화의 힘을 가지고 있는 여러 정물 가운데 가장 대표적인 강으로, 과학적으로는 끔찍하게 더러울지 몰라도, 정신적으로는 세상에서 가장 신성하고 깨끗한 물이 흐른다. 그래서 사람들은 갠지스 강에서 빨래하고, 목욕하고, 그 강물을 마신다. 멀리에서 오는 사람들은 약수통에 물을 받아 간다. 어디든 한 방울만 섞어도 강가의 물로 변한다고 믿기 때문에 자신의 동네로 가져가 우물이나 계천에 뿌린다.

가트에서 시신을 태우고 있다.

가트에서는 얼마 전까지 우리와 함께 지구별을 살아가던 많은 사람들이 불 속에서 한 줌의 재로 변해 간다. 임신한 여자가 죽으면 돌에 묶어 강에다 수장시키기 때문에 내가 타고 있는 보트 아래에는 얼마나 많은 시신들이 잠자고 있을지 문득 궁금해지기도 한다.

바라나시의 화장터의 불꽃은 3500년이 넘도록 단 한 번도 꺼진 적이 없다. 오직 라자일가만 화장터에 불을 지필 수 있기 때문에, 이곳에서 화장되고 싶은 사람은 반드시 라자일가의 불씨가 필요하다. 사람이 죽으면 하루 안에 무조건 불태워야 하는 관계로, 이곳에서 화장되고 싶은 사람은 강가에서 죽음을 기다려야 한다. 죽음의 집에서 죽을 날만을 기다리는 사람들도 있다.

온종일 화장터를 지켜보던 일본인 여행자 한 명은 깨달음을 얻었다며, 자신의 배낭과 여권 등을 갠지스 강에 몽땅 던져 버렸다. 그리곤 이렇게 말했다. "삶이란 덧없는 것" 그 이후 굶어 죽어가던 그는 다른 여행자들의 도움으로 무사히 살아서 일본으로 돌아갔다고 한다.

철수를 만나기로 한 시간이 다 되어, 나는 보트를 타러 갔다.

태양은 강물을 붉게 물들이고 있었고, 변색된 강물을 마주한 나의 분노의 색상 또
한 옅어져 갔다.

＊용서

수많은 사람들이 불타고 있는 버닝가트가 보였다. 나도 언젠가는 포함될 사망자 통계수치 대로라면, 내가 보트를 타는 짧은 시간 동안에도 지구별에 살고 있는 사람 중에 5,000명이 넘게 죽는다. 한국에서는 하루 평균 45명이 자살하고, 200명이 담배로 죽으니 5,000명 중에는 한국 사람들도 많을 것이다. 버닝가트에는 아직 온기가 완전히 사라지지 않은 갓 죽은 따끈따끈한 시신들이 연기로 변하기 위해 계속 들어오고 있다.

사람들은 사는 동안 정말로 꼭 필요한 일들은 하지도 않으면서, 쓸데없는 고민과

걱정들로 살아 있는 대부분의 시간들을 소비해 가며 죽음을 향해 간다. 사랑만 하
고 살기에도 부족한 세상에서 가슴속에 분노와 복수심을 품고 있는 나는 이제 어
떻게 해야 하는 걸까.

보트를 타고 갠지스 강변을 둘러보니 마음이 조금은 차분해졌다. 난 그녀를 때릴
수도 없고, 다른 복수할 수 있는 방법도 없어 보였다. 그녀가 나에게 손해를 배상
해 줄 일도 당연히 없어 보였다. 일단 그녀에게 진심으로 사과를 받고 싶었다. 용
서는 그 다음 문제였다.

＊용서

밤 10시. 난 그녀의 방으로 갔다. 방문을 살짝 열어 보니 촛불이 켜져 있었고, 로맨틱한 음악이 흘러나오고 있었다. 그녀는 술과 안주를 가득 사서 테이블 위에 올려 두고 나를 기다리고 있었다. 그녀가 나를 발견하고는 내 손을 잡고 방 안으로 끌어당겼다.

내가 저주하는 이 여자가 뜬금없이 나한테 이렇게 친절하게 대하는 이유가 뭔지는 도무지 알 수 없었지만, 난 그녀에게 사과를 받고 나에게 입힌 피해를 어떻게 보상할 건지에 대해 확실히 결판을 내야만 했다.

"네가 이렇게 나올 줄 몰랐어. 나한테 왜 이렇게 하는 거지?"
"너한테 용서를 받고 싶어서……."
"태어나서 죄 안 짓고 실수 안 하고 사는 사람이 어디 있겠어. 인간이라면 누구나 잘못을 저지르게 되어 있어. 하지만 넌 나에게 용서받을 수 없을 만큼 큰 잘못을 저질렀어."
"나도 알아. 하지만 중요한 건 나의 잘못으로 인해 네가 얼마나 상처받았는지를 알기에 진심으로 사죄하고 있다는 것과 앞으로 더 이상은 그런 잘못을 저지르지 않을 거란 사실이야."

"네가 내 고통을 이해해?"

"응."

"인도에선 아직 나쁜 짓을 안했니?"

"했어."

"안 걸렸어?"

"걸렸어……."

"경찰에 안 잡혔어?"

"그분이 나를 용서하셨어. 그분이 아니었다면 난 계속해서 나쁜 짓을 저질렀을 거야. 그분은 내가 그동안 저지른 나의 모든 잘못을 사랑으로 감싸 주시고 나를 구원해 주셨어."

"그분이 누구야? 구루(스승, 정신적 지도자)의 집이라도 털었던 거야?"

"응, 맞아! 지금도 그분에게 많은 걸 배우고 공부하면서 인도에 머물다가 그분 심부름으로 바라나시에 잠깐 들렀어. 난 너의 분노와 복수심도 다 이해할 수 있어. 내가 지금 너에게 줄 수 있는 것도 오직 사랑밖에 없다고 생각해서 그런 행동과 말들을 했던 거야!"

"네가 그분에게 배운 게 뭔데? 어쭙잖게 철학적인 말을 하면서, 모든 남자에게 몸을 바쳐 사랑을 나누어 주는 건가? 창녀처럼?"

그녀는 다소 슬픈 표정을 지으면서 울먹이듯 대답했다.

"그게 아니잖아……. 내가 지금 너에게 용서를 받고 싶은 것처럼, 너도 잘못을 저지르게 되면 용서받고 싶은 날이 올 거야."

난 그녀가 사 둔 맥주를 잔에 따르고, 그녀에게도 한 잔 따라 줬다.

＊용서

"사람들은 누구나 자신이 줄 수 있는 것만 주잖아. 내가 너에게 줄 수 있는 건 사랑뿐이라 생각했어. 그래서 그랬던 거야. 네가 남자라면 당연히 나를 원할 거라 생각했고, 나를 가진다면 너의 분노가 조금이라도 풀릴 거라 생각했어."

"분노가 욕망을 앞서 갔기 때문에 널 가지고 싶기보단, 복수하고 싶어."

"지금 네가 나에게 줄 수 있는 게 분노뿐이라면, 나에게 분노를 나눠 줘."

"나의 분노를 달라고?"

"응, 너 지금 나한테 무척 화나 있잖아. 감정을 억누르지 마! 마음껏 분노하고 모든 걸 다 쏟아 내줘. 그러고 나서 날 용서해 줘."

"넌 지금 나한테 대하는 거나, 말하는 걸 보면, 나쁜 사람 같지 않아. 네가 변한 게 구루 때문이니?"

"응, 너도 만나 봤으면 좋겠어. 내일 오후 무갈사라 역에서 떠나는 기차표 한 장 더 예약했어."

"내가 안 갈 수도 있는데, 왜 끊었어?"

그녀가 촉촉하게 젖은 눈으로 자신이 켜 둔 촛불을 바라보며 나직하게 말했다.

"나에 대한 증오와 복수심이 남아 있다면, 넌 분명 따라올 거라 믿었거든."

그녀와 밤새 술을 마시며, 많은 대화를 나누던 나는 술에 취해 그녀의 침대에서 잠이 들었다. 눈을 떠 보니 속옷만 입고 있는 그녀가 내 품에 안겨 있었다. 그녀의 체온이 내 피부에 그대로 흡수되면서, 그녀가 나를 사랑하는 것 같은 착각이 들 정도로 혼란스러워졌다. 난 그녀가 깨지 않도록 조심스럽게 그녀를 떼어 내고, 이불을 덮어 준 후에 방에서 나왔다.

나는 그녀의 호텔에서 나와 곧장 가트로 향했다. 바라나시의 태양이 뜨고 있었다.

바라나시 갠지스 강의 일출

도비왈라(불가촉천민 중 빨래하는 계급)들이 빨래를 하고 있다.

갠지스 강에서 낚시를 하는 사람도, 강물 속에서 명상을 하는 사람들도 보였다.

*용서

궁극의 진리와 깨달음을 찾아서 세상을 버리고 떠난 남자들인 사두들도 돌아다녔다. 보통 사두들은 주황색 옷을 입고 이마에는 화려한 문양을 그린 채 지팡이를 들고 다니곤 한다.

여행 중에 만날 수 있는 사두들은 90% 이상이 고된 수행을 하는 오리지널 사두가 아니라는 말도 있다. 그들이 혹독한 수련 끝에 종교적 수행성과를 거둔 정신적 스승이 되어 구루라고 불리기 전에는 단순한 수행자일 뿐이라고 들었다.

거울을 보며 제3의 눈을 그리고 있는 사두가 보였다. 제3의 눈이란 보이지 않는 내면의 세계를 보는 눈으로 쉬바신의 미간에 있다. 그래서 사두들이 이 문양을 이마에 그려 넣는 경우가 많다. 그의 사진을 한 장 찍고는 물었다.

"당신은 무엇을 깨달았습니까?"

그는 진지한 표정으로 심각하게 물음에 답했다.

"사진 20루피, 대답 50루피."

사두

*용서

내가 예상했던 답변이었다. 역시나 짝퉁 사두들은 거지처럼 돈만 달라한다.
무시하고 그냥 지나치려는데, 그가 말했다.

"사진은 공짜! 이야기는 재미없으면 100% 환불!"

내가 주저하는 듯한 표정을 보이자 그가 다시 말했다.
"속고만 살았어? 재미없으면 돈 안 받는다잖아! 일단 앉아."

자리에 앉으니 돈부터 달라고 한다.
"우선 내가 돈을 받아야, 나중에 환불을 해줄 수 있는 것 아니겠는가?"

예전에 인도에는 성자들이 가득하고, 거지도 철학을 하는 놀라운 나라일 거란 환
상을 품었던 적이 있었다. 하지만 인도를 오래 여행해도 그런 사람들은 하나도 안
보이고, 돈 달라는 거지들만 보였다.

그의 이야기가 어쩌면 재미있을지도 모른다는 기대감보단, 가짜 사두와의 대화를 경험해 보고 싶은 충동이 들어 돈을 줬다. 그가 무엇이 궁금한지 나에게 묻기에 대답했다.

"당신들은 고통 속에서 깨달음을 찾는 수행자들이라고 들었습니다. 그렇다면 가장 어려운 수행은 무엇인가요?"

"용서야말로 가장 큰 수행일세. 만약 자네도 상처 받은 적이 있다면, 그게 누구든 잊어버리고 용서해야만 깨달음을 얻을 수 있을 것이야."

"저는 사실 제가 죽이고 싶을 만큼 저주하는 여자가 있었는데, 그 여자를 이곳에서 다시 만났어요. 어떻게 복수를 해야 할지도 모르겠고, 그녀는 나에게 용서를 바라는데 그것도 어려워요."

"자네를 고통스럽게 만든 그녀에 대한 쓸모없는 증오와 복수심만 키워 간다면, 자네의 마음은 항상 무겁고 불편할 것이네. 왜 자신을 그토록 힘들게 만드는가? 만약 자네가 그녀를 용서한다면, 자네의 마음에 평화가 찾아들 것이네."

"그런 나쁜 년을 제가 왜 용서해야 하죠?"

"그녀를 위해서 용서하라는 게 아니고, 자네를 위해서 용서하라는 것이네! 그녀에 대한 복수심 때문에, 몹시도 불행해진 자네의 마음에서 벗어나기 위해서, 자네가 행복해지기 위해서 용서하란 것이네!"

"싫어요."

"싫어도 일단 해보게! 용서를 해보고 나면, 용서라는 게 얼마나 행복한 일인지를 깨닫게 될 것이네! 그녀도 행복해지겠지만, 그녀보다 자네가 더욱 행복해지게 될 것이네!"

"말이야 간단하죠. 남 이야기 대충 듣고 그냥 용서하라는 말 따위 누가 못해요! 용서하면 모두가 행복해지는 길이라고요? 행복이 그렇게 쉽게 오지도 않을뿐더러, 용서라는 게 절대로 쉽게 할 수 있는 게 아니에요!"

"그동안 자네가 그녀를 증오하며 얼마나 많은 것들을 붙잡고 있어야만 했는지를 생각해 보게. 정작 중요한 건 다 놓쳐 버렸다는 걸 모르겠는가?

"몰라요!"

*용서

"자네가 저지른 잘못을 용서받길 원하는 마음으로 그녀를 용서하도록 하게. 증오와 복수심으로 고통 받던 마음에서 벗어나 자유로워지도록 하게. 그녀를 심판하려 하지 말고, 사랑하도록 하게."
"그런 교과서적인 뻔한 충고는 조금도 위안이 되지 않네요."

내가 자리에서 일어나자 사두가 소리쳤다.

"잊지 말게나! 자네와 그녀를 구원하는 길은 오직 용서와 사랑뿐이네!"

사두가 하는 모든 말은 옳은 말이다. 하지만 분노한 상태에서 옳은 말을 들으면, 그 말이 너무 맞는 말이기 때문에 더욱 분노하게 된다. 그녀에 대한 나의 분노는 분노라고 하기도 뭐할 만큼 약해져 있는 상태였지만 용서할 정도는 아니어서, 용서하라는 짝퉁 사두의 교과서적인 말은 어쭙잖은 충고로 들려 화가 날 뿐이었다.

문득 용서와 사랑을 말하는 사두도 과연 누군가를 사랑해 보고, 용서해 본 적이 있는지 궁금해졌다. 나는 다시 자리에 앉아서 질문을 했다.

"당신도 누군가를 사랑해 보고 용서해 본 적이 있나요?"
"물론이지! 나는 일생에 세 번의 사랑을 했다네! 그리고 두 번의 용서를 했고, 지금은 남아 있는 하나의 용서를 위해 여전히 수행 중이네."
"어떻게 수행을 하고 있는데요?"
"사두는 고통 속에서 깨달음을 찾는 존재야. 물질은 고통의 뿌리라고 할 수 있지! 내가 극복해야 할 고통의 첫 번째 근원은 나에게 달려 있는 '음경'이었어. 음경을 저주하고 성적인 욕망을 초월해야만 모든 물질세계를 초탈할 수 있는 것이라네."
"음경을 어떻게 저주하는데요?"
"사두에 입문하면 맨 먼저 실시하는 의식이 있네. 먼저 튼튼한 각목이나 쇠파이프로 음경을 세게 때리는 거야! 그리고 또 후려치고! 또 후려치는 거지! 그렇게 해서 음경을 파괴하고 성불구가 되는 의식이 첫 번째 의식이야. 그렇게 음경이 고장 났다면, 이젠 음경을 꽁꽁 묶어서 엄청난 무게의 돌을 매달고 다니는 거지."
"소변이 마려우면 어떻게 해요?"
"소변이 마려울 때는 잠시 돌을 풀어내고, 소변을 보고 나서 다시 음경을 막대기에 감아 잡아끌어 당기거나 하는 식으로 고문을 반복해야 하지."
"꼬치 안 아파요?"
"어마어마하게 아프다네!"
"꼭 그렇게까지 해야 하나요?"
"이 정도는 그냥 우스운 정도야! 자네가 무엇을 상상하든, 그 이상의 육체적 고통을 주면서 깨달음을 얻으려고 하는 게 바로 사두일세."
"예를 들면요?"
"며칠간 땅속에 머리를 묻는 고행, 24시간 바늘로 몸을 찌르면서 괴성을 계속 지르는 고행, 12년 동안 한쪽 팔을 계속 올리고 있는 고행, 아무 말도 하지 않는 고행, 몸에 불을 지르고 뛰어다니는 고행, 안 씻고 안자는 고행, 가시나 바늘 침대 위에 누워서 지내는 고행, 음경껍질을 늘려서 허리를 감기도 하고……. 그 종류

*용서

가 대단히 많아서 다 말해줄 수가 없네."

"왜 그렇게 살죠? 다들 미친 거 아니에요?"

"미쳤다니! 현재 인도에는 약 5백만 명이 넘는 사두가 있는데, 그럼 그들이 다 정신병자란 말인가? 사두야말로 종교적 최고의 엘리트 집단이라고 할 수 있어!"

"엘리트 집단이요? 바보똥꼬 집단이겠죠! 그렇게 몸을 망가뜨린다고 깨달음을 얻을 수 있을 리가 없어요! 그런 행동은 그냥 몸만 망가질 뿐이죠!"

"깨달음은 육체에 대한 부정에서 시작되는 것이야! 첫 번째가 음경이고 그다음에는 다른 신체부위를 고장 내지! 그리고 계속해서 몸을 망가트리는 거야! 그렇게 몸의 망가진 부분은 신성에 다가간 것이라고 볼 수 있는 것이네!"

"우리의 몸은 소중한 거예요! 왜 소중한 몸에 고통을 주나요? 몸이 망가지면, 정신도 망가지는 거예요! 몸이 소중한 줄도 모르는 바보들이 무슨 깨달음을 얻는다는 건지 모르겠네요! 고통 속에서 깨달음을 얻을 수도 있겠지만, 몸을 존중해 주지 못하면 진정한 깨달음을 얻을 수 없을 거예요!"

"바보는 바로 자네 같은 인간들이야! 인간의 육체란 그저 잠시 빌려서 사용하는 것일 뿐, 내 것이 아니야! 많은 사람들은 그걸 깨닫지 못하고 현생의 쾌락에 집착을 하기 때문에 불행한 것이고, 깨달음을 얻을 수 없는 것이네!"

"몸을 소중히 다뤄야 건강해지고, 건강한 몸과 정신에서 진정한 깨달음이 나오는 거죠! 몸을 망쳐가며 얻은 깨달음은 병신 같은 깨달음 일 뿐! 진정한 깨달음이라 볼 수 없어요!"

"현세의 고행이 내세의 안식으로 이어지기 때문에, 초인적인 에너지를 얻기 위해선 그것 말고는 다른 방법이 없어!"

"아, 재미없어! 환불해 줘요!"

"재미있었잖아!"

"진짜 재미없었어요!"

"아니네, 자네는 분명 재미있었네! 나는 제3의 눈으로 자네의 마음속을 들여다봤다네."

"제 마음이 뭐라고 하던가요?"

"세상에 이렇게 유익할 수가? 정말 재밌고 놀랍구나!'라고 말하더군."

"애초에 환불해 줄 생각 없었죠?"

"고객이 감동을 못했으니, 내가 특별히 어마어마하게 놀라운 이야기를 하나 해주겠네."

"뭔데요?"

"난 사실······ 사람을 죽였네."

*용서

PART 9 사두의 사랑 이야기

"살인자가 어떻게 감옥에 안 가고 사두가 돼요?"

"잘나가던 브라만 출신이던 나는 한 여인을 보고 첫눈에 반해 그녀를 사랑하게 되었어."

"지금 사랑 이야기를 물은 게 아니잖아요!"

"자네는 성질도 급하군? 듣다 보면 언젠간 나올 것이네!."

"나는 진심으로 그녀를 사랑했어. 우린 정말 행복했었다네. 그녀에게 문제가 생기기 전까지 말이야. 어느 날부터인가 그녀에게 문제가 생겨 큰돈이 필요하게 되었다네."

"얼마나 큰돈인데요?"

"내가 가진 돈을 몽땅 빌려 주고도 그녀의 문제를 해결할 수 없을 만큼 큰돈이었네."

"그래서 못 빌려줬나요?"

"여기저기 꿔서라도 그녀에게 빌려 주었지만, 더 이상은 돈을 빌려 줄 수 없는 상황이 오고야 말았어. 빌려 주고 싶어도 더 이상 빌려 줄 수가 없었지. 그런데 얼

266

마 후 그녀는 느닷없이 몹쓸 병에 걸려 생명이 위험해졌다더군."

"딱 봐도 거짓말 같은데…… 그걸 믿었어요?"

"머리에선 그녀를 더 이상 믿지 말라 하는데, 가슴에선 의심을 허락하지 않더군."

"어차피 빌려 줄 돈도 없었잖아요"

"그래서 난 도둑질까지 했네. 심지어 나의 몸에 있는 장기까지 꺼내 팔아서 돈을 마련했네. 물론 그녀가 그렇게까지 시킨 건 아니었어. 단지 그래야 할 것만 같았어. 돈이 없어 병원에도 입원하지 못하는 생명이 위험한 그녀를 살리는 게 우선이었으니까."

"그래서 그녀가 살아났나요?"

"아니, 그녀가 돈과 함께 사라져버렸네."

"사라져요?"

"난 그녀에게 무슨 일이 생긴 건지 걱정돼서 몇 개월 동안 찾아다녔어. 그리고 찾아낸 건 그녀가 나를 완전히 속였다는 사실이었어."

"그래서 그녀를 찾아내서 찢어 죽였군요?"

"아니네, 난 그녀를 용서했네."

"어떻게 그런 걸 용서할 수 있죠?"

"누군가를 진심으로 사랑할 수 있다면, 그게 아무리 사기이고, 날 이용하려는 것이라 해도, 사랑하는 순간만큼은 그녀를 사랑할 수 있어서 무척 행복했다고, 그래서 고마웠다고 말할 수 있어. 머리는 알고 있었지만, 가슴이 아니라던 진실을 마주했을 땐 몹시 아프긴 해도 말이네."

＊용서

그 말을 듣고 나도 모르게 시선을 돌려, 잠시 생각에 잠겼다.
사두가 이어서 말했다.

"그녀를 용서하고 두 번째 사랑이 찾아왔네. 사랑에 베인 상처는 사랑으로밖에 치유가 안 되더군. 그녀는 사랑이 떠나가고 아무것도 남아 있지 않은 텅 빈 내 마음속 여백을 사랑으로 가득 채워 주기 위해 존재하는 것만 같았어."
"예쁘진 않았지만, 그녀는 날 만나서 함께 있는 시간 동안 나를 몹시 소중하게 대해 줬네. 그녀에게 큰 관심과 때론 지나친 듯 큰 사랑을 받는 것이 낯설면서도, 몹시 따뜻하게 느껴졌지. 그녀는 나를 단 한 번도 본 적이 없는 신인류를 보고 연구하듯, 나의 모든 면에 관심을 가지고 세심하고 정성스럽게 대해 주었네. 난 그런 그녀의 진심을 느끼고는 크게 감동을 했어."
"그녀와의 관계에도 결국 문제가 생긴 거죠?"
"맞아! 착하고 순진한 그녀가 작은 사업을 하나 하고 있었는데, 어느 날 문제가 생긴 거야. 결국 난 그녀를 위해 또다시 돈을 빌려다가 줘야만 했지. 그런 상황에 그녀의 어머니까지 위독하신데, 수술비까지 없다더군."
"설마 또 당한 거예요?"

사두는 걸치고 있던 옷을 벗었다. 그리곤 눈을 감고 말없이 고개만 끄덕였다.

"지난번에 빌릴 만한 곳에선 다 빌려 보고 도둑질에 장기까지 팔아서 돈을 빌려 줬는데, 또 빌려 줬다는 것도 그렇고, 비슷한 일을 연속적으로 당했다는 게 살짝 공감이 안 되네요. 아무튼 결론은 분노를 억제하지 못하고, 그녀를 찾아내서 갈 기갈기 찢어 죽였다는 거죠? 물론 시체에는 태우거나, 돌에 묶어서 갠지스 강에 고기밥으로 던져 버렸겠고요!"

"아니네! 난 그녀를 찾아보지도 않았다네!"

"왜죠?"

"늘 그렇듯 진실을 알게 되면, 강한 고통이 뒤따랐어. 난 고통이 따르는 진실을 원하지 않았기에 그냥 그대로 덮어 두고 더 이상 알기를 포기했어. 짐작은 하지만 정확히 알지 못하고 있는 게 조금 덜 아플 것 같았어. 나에게 필요했던 건 그녀가 나를 사랑했고, 그로 인해 내 삶이 좀 더 의미 있고 가치 있어졌다는 사실뿐이었어."

"그래서요?"

"그녀 또한 용서했네."

"말도 안 돼……."

"그녀가 날 속였다 해도, 그녀가 나를 사랑한 게 아니라 돈 때문에 단지 나를 이용한 것일 뿐이라 해도, 적어도 그녀와 사랑했던 시간들은 무척 행복했네. 결국엔 불행한 결과가 발생했다 해도 말이야. 나에겐 그녀와의 행복했던 기억도 분명히 존재하는 거니까."

"나 같으면 돈 때문에 더 속상했을 것 같은데……."

"어차피 인생이란 끊임없이 무언가를 상실해 가는 과정일 뿐이야. 내가 무엇을 가졌건 그것들은 하나씩 나에게서 떨어져 나가지. 그렇게 상실해 버리면 다시는 그것들을 되찾을 수가 없어. 그녀는 나의 돈과 함께 사라졌지만, 나에게 잘해 주었던 기억만은 남겨 두고 갔네. 내가 모든 걸 잃게 되었다고 해도 그녀가 나를 사랑해 주었던 기억이 남았으니 난 그걸로 감사했네. 나에겐 그 기억보다 더 소중한 건 없기에 그 기억만 잊지 않는다면 그걸로 충분했어."

"그게 다 거짓이었잖아요!"

"그 모든 게 거짓이고, 그녀의 마음까지 거짓이었다 해도 내 마음까지 거짓은 아니었으니까."

"그래도 이용당한 것뿐이잖아요."

"어차피 모든 사랑은 배신을 내포하고 있어. 사랑은 언제나 혼자 오지 않고 고통과 아픔을 동반해서 오기 마련이니까. 배신의 성격이 일반적인 경우와 다소 다르긴 해도 나에겐 마찬가지야. 그녀가 나를 사랑해 주지 않았다면, 그래서 나도 그녀를 사랑하지 않았더라면, 내가 상처받지도 않았겠지. 하지만 그녀를 사랑하게 되고, 결국엔 상처받은 게 난 더욱 행복하다고 생각하네."

"그래도 상처받고 고통스러웠잖아요?"

"고통은 상대방이 아닌 나 자신만이 부여할 수 있는 것이네! 그녀를 용서하고 그녀에게 감사하는 건 나의 선택일 뿐이었어. 난 나의 선택에 만족하네."

"당신의 존엄한 사랑방식이 놀랍기도 하지만, 돈을 요구하는 사랑은 항상 의심해볼 필요성이 있다는 걸 깨달았어요. 돈을 빌려 달라거나 자꾸만 무언가를 사달라고 하는 상대와는 좋은 감정이 있고 믿음이 있을 때 헤어지는 게 가장 이상적인 것 같네요."

"내 이야기 재미있나?"

"난 당신이 사람을 죽였다기에 그 사연이 궁금해서 듣고 있는 건데, 그 이야기 안 해줄 거면 이제 그만 들을래요."

"나의 세 번째 사랑…… 바로 그녀를 죽였네! 내가 사두가 된 것도 바로 그녀 때문이지. 하지만 그 이야기를 듣고 싶다면 자네는 50루피를 더 줘야만 하네."

"무척 궁금하고 더 듣고 싶지만 배가 너무 고파서 일단 밥 먹고 와야 될 것 같아요."
"그럴 필요 없다네."
"그럴 필요가 없다니요?"
"이걸 먹으면 배가 고프지 않을게야."

사두는 이상한 음식을 꺼내 나에게 먹으라고 건넸다.

"이딴 걸 지금 나보고 먹으라는 거예요?"
"이건 나의 해탈용 비상식량이지만, 자네를 위해 특별히 주겠네."
"너무 더럽게 생겼는데……."
"어리석은 자여. 눈으로 보이는 게 전부가 아니라네! 정말 맛있는 건 그 맛을 눈으로 볼 수도, 입으로 느낄 수도 없는 법이지"
"어떤 맛인데요?"
"먹어 보면 쉽게 알 수 있는 것을 먼저 궁금해 하지 말게나! 나도 그 맛을 설명해 주고 싶지만 말로 그 맛을 표현할 수 있다면, 그건 정말 맛있는 게 아닌 게야. 정말 맛있는 음식은 오직 가슴으로만 그 맛을 느낄 수 있는 법이기 때문이지."
"궁금하긴 하지만 먹으면 배탈이 날 거예요"
"두려워하지도, 망설이지도 말게나! 후회는 먹고 나서 해도 조금도 늦지 않아! 지금 자네의 영혼과 위장이 이 음식을 간절히 원하고 있는 게 느껴지네."

사두의 진지한 말과 눈빛에 낚여 난 결국 사두의 해탈용 비상식량을 맛보기 위해 입으로 가져갔다. 음식이 입에 들어가려는 순간, 다행스럽게도 전화벨이 울렸다.

＊용서

"여보세요?"

"잠깐 밖에 나갔다가, 어떤 남자가 자꾸만 나를 따라오는 것 같아서 호텔로 급하게 뛰어들어 왔어! 지금 창문 밖에서도 계속 나를 쳐다보고 있는 것 같아! 너무 무서워! 지금 나한테 좀 와 줄래?"

난 전화를 받고 사두에게 다음에 와서 이야기를 듣겠다고 하고는 곧장 그녀에게로 달려갔다. 지금까지 그녀에게 가장 위험한 남자는 나인 줄 알았다. 그런 내가 겁에 질린 그녀를 안심시키고 도와주기 그녀에게로 달려가고 있다. 내가 증오한다고 생각했던 그녀를 몹시 걱정하면서 말이다.

그녀 말대로 호텔 앞에는 변태같이 생긴 남자 한 명이 서서 그녀의 방을 올려다보고 있었다. 그에게 말을 걸어 볼까 하다가 그냥 그녀의 방으로 가서 방문을 노크했다. 노크를 세 번이나 하고 한참이 지나도 아무런 응답이 없었다. "나왔어! 문 열어 줘!" 내 목소리를 들은 그녀가 조심스럽게 방문을 열었다.

"아무 일 없었던 거지?"

"응."

"저 사람 누군지 알아?"

"아니, 누군지 몰라."

"정말 몰라?"

정말 모르냐는 나의 질문에 그녀는 아무런 대답도 하지 않았다.

"네가 잘못한 것도 없고?"

"없어."

창밖을 보니 그 남자는 더 이상 보이지 않았다.

"너 날 걱정했니?"
"전혀, 별일 아닌 것 같으니 그만 가 볼게! 이따 기차 시간 몇 시지?"
"5시까진 만나서 출발해야 해."
"그럼 그때 보자."
"그때까지 같이 있어 주면 안 돼?"
"배고파, 밥 먹고 짐 싸고 다시 올게."

*용서

PART 12

화장실

그녀를 두고 혼자 밖으로 나왔다가 똥을 밟았다. 바라나시의 좁은 골목길은 똥 바
닥이었지만, 물청소도 나름 자주하는 호텔 앞 넓은 도로에서 똥을 밟아 보는 건
처음이었다.

바라나시에는 항상 사람들이 많은데 공중 화장실은 찾아보기 힘들다. 나라가 가난해서 화장실을 만들기 어렵나 보다. 마치 나라 전체가 화장실인 듯 길가에서 볼일 보는 사람들을 안 보는 날이 없다. 그래도 남자들만 소변을 볼 수 있게 만들어둔 공간들은 꽤 있다. 오줌 물은 그대로 도로의 파인 부분 옆으로 흘러내려가 고이기도 한다. 그 주변으로는 각종 쓰레기와 벌레들이 가득하고 이끼까지 끼어 있다. 그곳에 누워서 휴식을 취하고 있던 거지가 나를 보고는 행복한 표정으로 웃어주었다. 사진을 찍을까 말까 망설이며 지나가다가 결국 뒤돌아서 충격적인 사진을 한 장 찍었다.

50도가 넘는 바라나시의 뜨거움을 피해 썩은 오줌이 뒤섞인
물속에서 휴식 중인 거지

＊용서

인도에 가면 아무데서나 똥 싸는 아이들과 어른들을 매일 볼 수 있다.

인도인들은 집에 화장실이 있어도 밭에 나가서 싸는 사람들이 많다고 한다. '로따'라고 불리는 놋쇠로 만든 물그릇을 가지고 밭으로 가서 똥을 싼다. 다 싸고 나서 흙을 한 줌 집어 들어 항문을 닦는다. 그런 다음 손을 닦고 똥 묻은 손을 물로 헹군다. 손으로 닦을 때는 왼손만 사용한다. 왼손은 부정한 쪽이고 오염된 쪽이기 때문이다. 물로 헹굴 때는 오른손으로 물을 부어 왼손을 닦는다. 그리고 남은 물로 입을 헹군다. 입에 든 물도 왼쪽으로 뱉는다. 왼손은 항문을 닦는 손인데, 거지들은 가끔 돈을 안 주면 왼손으로 나를 만지곤 했다.

난 싸이클릭샤를 타고 가트로 돌아갔다.

*용서

내가 찾던 사두의 뒷모습이 보이자 친구를 만난 것처럼 반가웠다. 난 50루피를 건네며 하던 이야기를 마저 해달라고 말했고, 사두는 다시 이야기를 시작했다.

"그녀가 돈과 함께 사라져 버린 후 나는 마음을 정리하기 위해 여행을 떠났어. 난 여전히 그녀를 사랑했기에 나의 마음은 조금도 외롭지 않았네. 하지만 몸이 느끼는 외로움은 견딜 수가 없더군. 당장 여자와 섹스라도 하지 않으면, 미쳐 버릴 것 같은 심정이었네."

"그래서 강간이라도 한 거예요?"

"그땐 그런 몹쓸 짓 따윈 하지 않았다네. 단지 여행 중에 천한 여자들 몇 명 유혹했을 뿐이야. 그런 여자애들은 진심으로 관심을 주는 척만 해도 대부분 쉽게 넘어오거든."

"천한여자? 유혹해서 뭐 했어요?"

"여자들과 잠자리를 가지며 이런저런 약속을 하곤, 아침이 되면 말없이 떠나기를 반복했지. 그녀들은 나와 잠자리를 가질 때까진 정말로 나에게 희망을 가졌는지도 몰라. 하지만 섹스가 끝나고 나서부턴 짐작을 했을 거야. 대부분의 남자들이 자신과 섹스할 궁리만 하다가 일을 마치고는 그대로 떠나 버렸던 경험이 많을 테니까. 단지 자신의 마음까지 원하는 남자를 만날 수 있을 거란 희망을 쉽게 버릴 수 없어서, 매번 자신의 몸을 원하는 남자들에게 쉽게 허락하는 것뿐이니까."

"당신은 그딴 식으로 행위를 합리화하면서, 말없이 떠나 버리고는 금세 잊어버릴지 몰라도, 당신에게 당한 쪽은 여전히 고통스러워할지도 몰라요! 어쩌면 당신과의 약속을 생각하며 잊지 못하고 기다리고 있을지도 모르고요! 당신이 사랑했다던 말도 없이 사라져 버린 여자들과 당신이 그 여자들에게 하는 행동이 무슨 차이가 있죠?"

"자네 말이 맞아! 내 돈과 함께 떠나 버린 여자들과 난 똑같아! 그녀들은 내 돈을 원해서 날 사랑하는 척했고, 난 그녀들의 몸만을 원해서 그녀들을 사랑하는 척했네. 사랑을 원했던 여자들은 내가 그렇게 떠나 버린 후에 이용당했단 생각에 기분이 나쁘겠지만 욕망을 채우기 위해 사랑하는 척했던 내 기분도 그렇게 좋지만은 않았어!"

"그렇게라도 욕망을 해결하니 외로움은 해소되던가요?"

"아니, 사실 몸만 외로운 것이 아니라 마음도 외로웠던 거였어. 난 욕망을 해결하고 나면 외로움을 덜 느낄 거라 믿었어. 하지만 섹스를 통해 외로움을 해소하려면, 오직 마음과 영혼의 차원에서 이해와 교감이 있는 섹스를 했을 때만 가능한 것이더군. 섹스의 쾌락에서 벗어나 고독한 현실로 돌아오면 쾌락과 고독 사이의 격차에서 오는 우울감에서 벗어나기 힘들었네. 여행에서 돌아와서도 나의 외로움과 욕망은 참을 수 없이 깊어져만 갔어. 하지만 내가 사는 도시에선 그런 여자들을 쉽게 만날 수가 없었지."

＊용서

PART 14

창녀

"그렇게 어떻게 했어요?"

"난 결국 사창가에 갔어. 그곳에서 한 여인을 만났지. 사랑이 없는 섹스는 욕망을 해결하고 난 이후 더 큰 외로움과 공허감에 시달리게 할 뿐이었는데, 그녀는 조금 달랐어. 그녀를 안고 있으면 마음이 안정되고 평안해졌거든."

"그래서 더 이상 외롭지 않았나요?"

"마음의 안정을 찾기 위해 매번 그녀를 찾아갔지만, 집으로 돌아가면 외로워지는 건 마찬가지였어. 어느 날 그녀가 나에게 이렇게 말하더군."

"나를 매일 찾아와 주는 당신이 좋아요. 태어나서 지금까지 나는 누군가를 좋아해 본 적이 단 한 번도 없어요. 당신이라면 나를 구해 줄 수 있을 거란 느낌이 들어 요. 당신도 내가 싫지 않다면 나를 이곳에서 구해 줘요."

"그래서 구해 줬나요?"

"섹스는 누구와도 할 수 있지만, 사랑은 그렇게 할 수 없어. 그녀를 통해 잠시 마음의 평온을 느끼기는 했다지만, 사실 어떤 여자였더라도 나에게 그 정도의 평온은 줄 수 있었을 거라 생각했네. 난 그녀를 사랑하지 않았기에 구해 줄 의무 또한 없었지만, 난 사랑받길 원했어. 사랑이 없는 내 가슴은 메말라 죽어가고 있었으니까. 자네는 아무것도 없는 곳에서 오랜 시간 목마름과 배고픔에 시달리다 누군가 짜이 한 잔을 건네주었을 때 그 맛이 얼마나 감동적인 줄 아나?"

"몰라요."

"아무튼 그녀와 나는 서로에게 그런 존재였던 거야. 어느 누구도 나의 깊은 공허감을 채워 줄 수가 없다는 걸 알아. 내가 그녀를 사랑한 게 아니라 나의 외로움이 그녀를 사랑한 거야. 나의 깊은 외로움이 그녀를 내 삶속으로 끌어들였어. 나의 외로움의 끝은 결국 사랑이었네. 난 사랑받고 싶었고 사랑받기 위해선 사랑해야만 했으니까."

"결국 창녀를 사랑하게 되었다?"

"우리가 똑같은 의존적 요구들을 공유하고 있기에 가능했던 일이었지만, 사실 그 사랑은 나의 의지와는 무관하게 내 마음이 외로움을 계기로 독자적으로 벌인 일이나 다름없었어."

"그게 무슨 말 이예요?"

"내가 숨쉬기 위해 공기를 원하듯, 나의 외로움이 필사적으로 사랑을 원하고 있었단 말이네. 그녀는 평생을 외로움 속에 홀로 지내 왔어. 어린 시절 왕도 고개를 숙이는 네팔의 살아 있는 여신 쿠마리였던 그녀는 초경 이후 사원과 집에서 쫓겨나 인도의 사창가들을 전전하며 살았을 뿐. 단 한 번도 누군가에게 사랑받아 본 적도, 사랑해 본 적도 없었던 거야. 나도 그녀만큼이나 관심과 사랑이 필요했으니, 우린 서로에게 꼭 필요한 존재였던 거지."

"그래도 창녀를 사랑한다는 건, 쫌……."

"내가 그녀를 사창가에서 데리고 나왔을 때, 나는 더 이상 그녀가 창녀였단 생각은 하지 않았네. 그녀에게서 과거를 떼어 내고, 오직 현재 나를 사랑해 주는 그녀만을 보았네. 내 마음속 사랑을 되살려 낸, 그녀는 이 세상 그 누구보다 소중한 존재가 되어 버린 거지."

"그런데 왜 죽었나요?"

＊용서

"사랑을 시작하면 혐오의 감정과 분노, 슬픔도 같이 시작한다네. 난 그녀와 결혼해서 아이까지 낳았지만, 사랑해도 외로운 건 어쩔 수가 없었어. 우린 생각보다 문제가 많았지. 분노가 없는 사랑은 무력하고, 슬픔이 없는 사랑이란 천박하기 짝이 없다고 오쇼가 말했지만, 정도가 지나치면 문제가 생기기 마련이지. 아무리 사랑한다고 해도 다툼은 피하기 어려울 거야. 하지만 그녀의 잔소리는 정도가 지나치게 심했어."

"얼마나 심했기에?"

"잔소리를 멈추지 않는 주둥이를 사랑으로 틀어막으려 했지만, 더 시끄러워질 뿐이었어."

"그래도 죽일 것까진 없었잖아요."

"상대방의 아주 좋은 점만을 좋아한다면, 그건 사랑이 아닐 거야. 난 그녀의 모든 부분을 받아들이고 사랑하려고 노력했어. 다툼이 많기는 했지만 그렇다고 그녀를 사랑하지 않는 게 아니었어."

"그럼 문제가 뭐였어요?"

"문제는 그녀가 아닌 내가 일으켰네."

"어떤?"

"프로이트가 예전에 이렇게 말했다지. '사랑하면 욕망이 없어졌고, 욕망을 느끼면 사랑할 수 없었다.' 맞는 말이네. 그녀를 사랑하게 되고 결혼해서 아이까지 낳고 나니 더 이상 그녀에겐 전혀 욕망이 생기지 않았어. 대신 더 젊고, 매력적인 여자들을 볼 때마다 욕망에 시달려서 벗어나기 힘들었네."

"설마, 바람 피웠어요?"

"이웃집에 이사 온 젊고 아름다운 여자가 있었네. 난 그 여자에 대한 성적인 욕망을 도저히 참을 수 없었어. 하지만 방법이 없었지. 단지 그녀와 마주칠 때마다 인사를 하고 이런저런 이야기를 하며 그녀와 조금씩 친해져가는 것 말고는 방법이 없었네. 그녀는 나의 욕망을 들여다보지 못하기에 나에게 몹시 친절했다네. 피할 수 없는 욕망에 시달리다 참을 수 없을 지경이 되어 버린 나는 어쩌면 그녀가 나에게 강간당하는 상상을 하고 있을지도 모른다는 생각이 들어 기회를 엿보다가 그녀를 찾아가 강간을 해 버리고 말았네."

"강간에 살인까지……. 당신 정말 끔찍한 범죄자였군요."

"그녀는 내가 자신의 영혼을 더럽혔다고 말했어. 그녀 또한 나에게 호감을 가지고 있었기에 자신의 몸을 원했다면 조금만 더 시간을 들여 준비하고 배려해 줬어야 했다고 말하더군. 그렇게만 해주었다면 강제적으로 하지 않았어도, 나에게 몸을 허락할 수도 있었을지 모른다고 말했어."

"그 여자가 경찰에 신고는 안 하던가요?"

"다행스럽게도 신고하지 않았다네. 강제적이긴 했지만, 나와의 섹스가 나쁘진 않았던 게지. 여자가 섹스가 싫어져서 거부하게 만드는 남자들이 있는가 하면, 섹스에 별관심이 없는 여자까지 섹스를 광적으로 좋아하게 만들 수 있는 남자도 있는 거네. 강제적으로 했던 섹스일지라도 그를 통해 오르가즘을 느꼈다면, 그 여자는 오히려 더 원하게 될 수도 있는 거야."

"너무 비현실적인 일이네요."

"원래 현실 속의 일들이 영화나 드라마보다 더 비현실적이지."

"좀 말이 안 되는 것 같아서요."

"모든 멋진 이야기들은 원래 과장이 심한법이야."

"이런 추잡한 이야기가 멋지다는 게 아니에요! 그냥 믿기 어렵다는 거지!"

"자네가 나의 이야기를 믿어 준다면, 그이야기는 진짜가 되는 법이네!"

"진짜건 아니건 관심 없고, 당신은 그냥 변태예요!"

"모든 남자들은 참을 수 없는 성욕으로 인해 항상 욕구불만에 시달리는 변태들이네!"

"그건 당신생각이고요!"

"이제 순수한 척하는 건 그만두게! 난 제3의 눈으로 다 보인다네."

"됐고요! 여자가 신고 안 하고 뭐라든가요?"

"여성에 대한 배려심 없는 남자의 이기적인 섹스에서 오르가즘을 느낄 수 있는 여자는 어디에도 없다고, 성적인 능력이 부족한 남자라고 해도 섹스를 통해 사랑이 느껴질 수 있게 노력은 할 수 있을 테니, 자신을 원한다면 다음부터는 강제가 아닌 사랑이 느껴질 수 있도록 노력해 달라더군."

"정말 이상한 여자네요! 그래서 또 잤어요?"

"그래. 우리는 좀처럼 경험하지 못했던 놀라운 쾌락을 느끼며, 절망적으로 서로의 육체에 깊이 빠져들어 갔지."

"부인에게는 안 들켰어요?"

"아내가 그 사실을 알아버렸네……."

"그래서요?"

"아내는 격분해서 나를 잡아먹을 듯이 소리를 지르고 화를 냈어. 난 나의 잘못을 인정하고 다시는 그런 일 없을 거라 무릎 꿇고 사죄를 하며 용서를 빌었네. 하지만 그녀는 매일 똑같은 잔소리를 앵무새처럼 반복할뿐이었어."

"아무리 화를 내고 뭐라고 해도, 당신은 잘한 게 하나도 없어요!"

"하지만 어느 순간에는 더 이상 사과하기도 지쳐서 미안함 마음보단, 분노가 치밀어 올랐네. 결국 난 그녀에게 절대로 해서는 안 될 말을 내뱉어 버리고 말았네."

"뭐라고 했는데요?"

"창녀 주제에 무슨 말이 그렇게 많아! 이 아이도 내 아이가 맞는 거야?"

"내가 말해 놓고도 큰 실수를 했다는 걸 깨달았지만, 이미 그 말은 그녀의 귀와 마

음에 도착하고 난 후였지. 그녀는 큰 충격을 받은 듯 눈물을 흘리며 밖으로 뛰쳐 나가 버렸어."

"그래서요?"

"그녀가 자살해 버렸다네. 내가 그녀를 죽인 거야."

"당신이 죽인 거 맞네요. 아이는 어떻게 했죠?"

"아내가 사라진 내 마음속 허전한 빈자리를 딸아이가 사랑으로 채워 주었네. 난 그 아이를 진심으로 아끼고 사랑했어. 그런데 그 아이가 어느 날 갑자기 사라져 버렸다네."

"사라져요?"

사두의 눈가가 촉촉해지는 듯했다. 사두는 눈을 감고 한참 동안 침묵에 잠겼다. 사두와 나 사이의 침묵을 깨는 전화벨 소리가 울렸다.

전화기에선 그녀의 두려움 가득한 목소리가 흘러나오고 있었다.

*용서

처녀

옛날 옛적에 탈레주 여신이 인간의 모습으로 왕국에 왔었다. 여신의 눈부신 아름다움에 욕망을 참을 수 없던 왕은 여신을 홀딱 벗겨 놓고는 강간하려고 했다. 여신이 하늘로 도망가 버리자 강간에 실패한 왕은 잘못했다며, 여신이 돌아오기만을 간절히 빌고 또 빌었다. 여신은 어린 여자아이를 택해 자신의 분신으로 섬기라고 왕에게 명했다.

왕은 탈레주 여신처럼 검은 머리카락에 검은 눈동자, 완벽하고 깨끗한 피부를 가졌으며, 몸은 보리수, 허벅지는 사슴, 눈꺼풀은 소와 같은 신체적 조건을 지닌 어린 여자아이를 찾았다. 아이는 눈과 치아, 피부 어디에도 아주 약간의 흠도 없이 완벽해야만 했다. 신의 형상을 완벽하게 구현한 아이는 32가지의 몹시 까다롭고 복잡한 관문을 통과 한 후에 머리가 잘린 동물들의 피 냄새가 진동하는 빛 한줄기 들어오지 않는 방에 갇혔다. 방에는 가끔씩 무서운 가면을 쓴 사람이 들어와 괴성을 지르며 아이를 겁주고 나간다. 아이가 겁을 내면 여신 자격이 없으므로 바로 탈락이다. 잘려 있는 소머리, 돼지머리, 양머리, 닭머리들 사이에서 아이가 전혀 겁을 내지 않고 하룻밤을 묵으면, 그 아이를 처녀라는 뜻의 살아 있는 여신 쿠마리로 선택했다. 쿠마리로 선택되면 탈레주 여신의 혼이 아이의 몸 안으로 들어가면서 아이는 살아 있는 여신으로 다시 태어난다.

쿠마리가 되면 그 가족은 경제적으로 부가 보장되지만, 쿠마리가 된 어린 여자아이는 여신이기 때문에 인간과 대화를 해서는 안 되었으며, 종교의식과 축제를 제외하고는 인간 세상에 나가지 못하고 사원의 좁은 방 안에 갇혀 있어야만 했다.

네팔 서점에서 발견한 쿠마리에 관한 책(책의 표지사진이 쿠마리다.)

쿠마리는 상처를 입어 피를 흘리거나, 초경을 시작하면 다른 여신으로 교체된다. 쿠마리였던 소녀가 집으로 돌아오면 가족들이 죽는다는 속설로 집에 돌아가지 못한다. 결혼을 하면 남편이 비명횡사 한다는 속설로 인해 결혼도 못한다. 결국 네팔에선 지낼 곳이 없기에 인도로 건너가 사창가를 전전하며 몸을 팔다가 비극적으로 생을 마감한다.

네팔의 룸비니에서 부처가 태어났어도, 네팔은 힌두교 국가다. 얼마 안 되는 8%의 불교조차도 쿠마리로 인해 힌두교 신을 섬기는 힌두교적인 불교가 되었다. 쿠마리가 되려면 아버지는 불교를 믿는 석가족이어야 하고 어머니는 힌두교인이어야하기 때문에 쿠마리는 힌두교도와 불교도 양쪽 모두 숭배된다. 쿠마리의 존재로인해 두 종교 간의 갈등이 없는 평화가 지속된다. 그런 이유로 쿠마리는 사라지지않을 것이다. 하지만 시대가 변하면서 쿠마리도 조금씩 바뀌고 있다.

예전에 쿠마리는 초경 이후 여신 자격이 박탈당해 더 이상 여신으로 살수가 없었지만, 계속 여신으로 남아 인간들을 상대하며 돈을 벌고 있는 아줌마 쿠마리들도 있었고, 60세가 넘도록 초경을 하지 않았다는 할머니 쿠마리도 여전히 이마에 삼라만상을 보는 지혜의 눈인 '티카'를 붙인 채로 매달 1만 루피의 연금까지 받으며 여전히 여신으로 존재하고 있었다.

요즘은 쿠마리가 돌아오면 집안이 망한다는 속설을 믿지 않기에, 쿠마리들은 집으로 돌아와서 가족들과 잘 지낸다. 결혼하면 남편이 빨리 죽는다는 속설도 믿지 않기 때문에 결혼해서 아이도 낳고 행복하게 잘살고 있다. 쿠마리 자격 박탈 이후 갇혀 지냈던 전직 쿠마리들은 밖으로 나가기를 두려워하며 사회생활을 하기 힘들어 하지만, 좋은 학교를 졸업하고 좋은 직장을 가진 전직 쿠마리들도 있었다.

힌두교에서는 매일 새로운 신들이 생겨나고, 쿠마리 외에도 살아 있는 신들이 많다. 인간이 살아있는 신들을 만들어가고 있는 것으로 보였지만, 그들 중 누군가는 이렇게 말했다.

"우주 그 자체가 신이기 때문에 어떤 모습으로 세상에 존재하든 모든 건 신의 다른 모습일 뿐이다. 그러므로 인간은 신을 만들어 내지 않았다. 단지 신을 발견했을 뿐이다. 그래서 신을 멀리서 찾기보단 내 안에서 찾으려 노력할수록 우리는 신에게 좀 더 가까워질 수 있을 것이다."

PART 16

상실

"테리야, 나 지금 밖에 나가 봐야 되는데, 아까 그 남자가 계속 호텔 앞에서 내 방을 노려보고 있어"

"밖에 사람도 많고 별일 없을 거야. 쓸데없이 겁먹지 말고 그냥 마음 편히 있어. 한 시간 있다 갈게."

"지금 좀 급해서 그러는데, 빨리 좀 와 주면 안 돼?"

"대체 무슨 일인데 그렇게 급해? 거리도 좀 있고 하니까 조금만 기다리고 있어. 20분쯤 있다가 짐 챙겨서 그쪽으로 건너갈게."

"알았어. 빨리와."

내가 전화를 끊자, 사두는 다시 이야기를 시작했다.

*용서

"난 아내가 죽고 나서도 몇 년 동안이나 이웃집 여자와의 섹스에 빠져 있었어. 어느 날 내 딸을 집에 혼자 두고 이웃집 여자와 섹스를 하고 돌아왔는데, 내 딸이 사라지고 없었지. 난 미친 사람처럼 딸을 찾아 온 동네를 헤맸어. 하지만 어디에서도 내 딸을 찾을 수 없더군. 집에 돌아가면 딸아이가 있을 것만 같은 생각이 들어서 밖에서 딸아이를 찾다가도 급하게 집으로 뛰어 들어간 것도 한두 번이 아니었어. 그런데 문득 평소에 내 딸을 이상한 눈길로 훔쳐보던 옷가게 사장이 떠올랐어. 그래서 찾아갔더니 그 늙은 놈이 집도, 옷가게도 다 처분해 버리고 어디로 간다는 말도 없이 떠났다고 하더군."

"늙은 놈이요?"

"40대 중반쯤 되는 놈이 15살 된 어린 내 딸을 납치해 간 거야."

"딸은 찾았어요?"

"계속해서 둘의 행방을 쫓다가 그자식이 내 딸을 죽였을 것만 같은 불안감이 들기 시작했어. 죽었단 소식을 알게 되는 것보단 어쩌면 평생을 걱정하며 사는 게 나을지도 모른단 생각이 들어서 더 이상 찾는 걸 포기했네."

"그런데 어느 날 델리에 갔다가 우연히 빠하르간지에서 내 딸을 납치했을 거라 의심했던, 그 자식을 보게 되었다네."

"그래서요?"

"그 자식을 미행해서 내 딸을 찾아냈지."

"딸은 무사하던가요?"

"딸아이를 가둬 두고 매일 섹스를 했겠지만, 다행히 딸아이는 아주 건강했어. 난 몹시 흥분해서 이성을 잃고 몽둥이로 그 자식을 죽도록 때렸어! 그런데 딸아이가 울면서 그러지 말라고 나를 계속 말리기에, 이상한 기분이 들어서 그냥 급하게 딸아이를 데리고 집으로 돌아왔네."

"지금 딸은 어디 있어요?"

"쪽지 한 장 남겨 두고 다시 사라져 버렸어. 쪽지에는 이렇게 적혀 있었지."

"그이를 사랑하게 돼 버린 것 같아요. 그이가 보고 싶고 걱정되어 그에게 가요. 더 이상 날 찾지 마세요."

＊용서

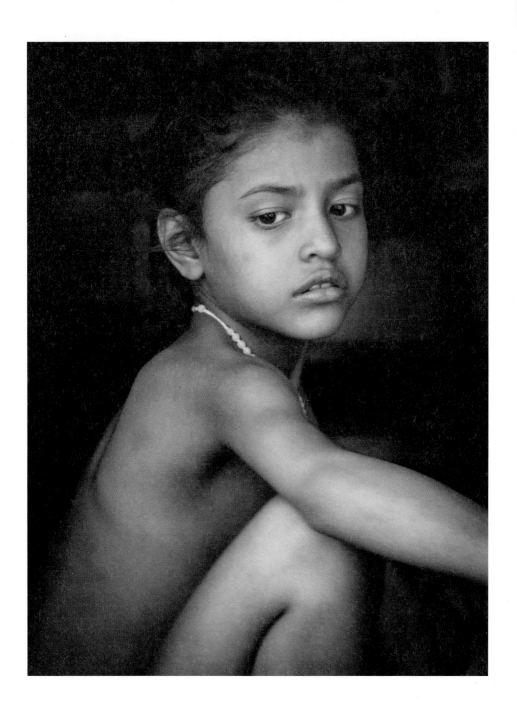

"난 한동안 정신적 충격에서 쉽게 벗어날 수가 없었어. 그 어린아이가 섹스를 알고 사랑을 안다는 것도 충격적이었지만, 무엇보다 나를 충격에 빠뜨린 건 나보다 납치강간범을 더 사랑한다는 사실이었어."

"지금은 어때요?"

"난 지금 그 늙은 놈도 내 딸도 모두 용서했어. 그래서 마음이 편안하다네."

"말투나 표정을 보면 마음이 완전 평화로워 보이진 않네요."

"난 다 이해하고 용서했어. 내가 이웃집 여자보다 딸을 더 사랑한다고 해서 딸도 그놈보다 나를 더 사랑해야 한다고 강제할 수 없다는 걸 알았지. 내 딸에게는 선택할 수 있는 자유가 있었고, 사실 난 그 선택을 존중해준 것뿐이야. 딸의 인생이라는 건, 결국 딸의 인생인 거야. 내가 딸의 선택을 대신해서 책임을 질 수는 없는 거니까. 이해해 보려 노력했더니 그 늙은 놈이 어린 내 딸을 보고 성욕과 사랑을 느끼는 것도 이해할 수 있었고, 내 딸이 섹스를 사랑으로 받아들였다면 그만큼 그녀석의 행동에도 사랑이 담겨 있었기 때문일 거라고 생각해서 둘의 사랑을 받아들였네."

"그건 좀 아닌 것 같은데요."

"예쁜 여자아이에게 사랑을 느끼지 않기는 어렵네. 실제로 어린여자에게 성욕을 느꼈다고 말하면 모든 사람들이 비난할 거야. 하지만 비난하는 남자들 또한 내 딸을 보고 그런 충동을 느끼지 않았다고는 말 못할 거네. 물론 자신은 절대 아니라고 다들 부정하겠지만 말이야."

"모든 남자들이 롤리타 콤플렉스나 변태성욕을 가지고 성범죄를 저지르진 않아요! 그런 미친놈은 절대로 용서하면 안 돼요! 그런 미친놈을 딸이 사랑하는 건 당신이 딸을 심하게 학대했거나 아니면 부인이 죽었는데도 계속 이웃집 여자에 대한 욕망에 빠져서 딸에게 충분히 사랑을 제공하지 않으니까 이런 일이 생긴 거예요! 당신은 말로만 딸을 사랑했다고 했을 뿐이에요! 그러니까 딸이 잘못 되도 당신 책임은 전혀 없고, 단지 이건 딸의 선택이고 딸의 인생일 뿐이라면서 딸을 버릴 수 있는 거죠! 당신은 그들을 용서할 자격도 없어요!"

"그게 아니네."

"아니긴 뭐가 아니에요! 세상에 당신이나, 당신 딸 납치범 같은 변태성욕자들이

*용서

너무 많은 것 같아서 나중에 딸 낳기가 너무 무서워요!"

"자네 얼굴을 보면 별걱정은 안 해도 될 것 같네만."

"뭐라고요?"

"자기한테 불리한 건 안 들리게 걸러 내는 필터가 귀에 장착된 것 같군."

"이런 심각한 이야기 도중에 농담하듯 던지는 당신의 말투가 당신의 이야기를 더 믿기 힘들게 만들어요. 이야기 속에 이해하고 받아들이기 힘든 부분들이 너무 많아요. 당신이 납치범과 똑같은 변태이기 때문에 그를 이해하고 용서했다고 해도 강간당한 당신 딸이 강간범을 사랑하게 된다는 것도 말이 안 되고, 어린 여자아이가 섹스를 통해 사랑을 느낀다는 건 더욱 말이 안 돼요!"

"아무리 연인이고 부부라도 섹스에 사랑이 담겨 있지 않다면, 사랑이 없는 걸 쉽게 느낄 수 있는 것처럼, 아무리 아이라도 섹스에 사랑이 담겨 있다면 사랑을 느끼는 것도 가능할지 몰라. 그리고 15살이면 그렇게 어린 것도 아니야."

"암튼 결론은 늙은이의 욕망을 아이가 사랑이라 착각했고, 어쩌면 그게 정말 사랑일 수도 있기 때문에 둘의 사랑을 인정하고 용서했다는 거네요."

"말로는 잘 설명이 안 되지만, 난 어떤 식으로든 이해하고 용서해야만 했어."

"당신 자신도 용서가 되나요?"

"아직 용서가 안 되네."

PART 17

힌두신

"그래서 사두가 된 거에요?"

"아내를 죽이고, 딸마저 그렇게 떠나보낸 후 난 삶의 의미를 잃고 너무도 고통스러웠네. 고통을 초월하고 깨달음을 얻어서 나 자신을 용서하고 싶었어. 더 이상 나의 더러운 욕망으로 인해 잘못을 저지르고 싶지도 않았기에 성불구가 되는 의식을 치르고 나서 사두가 되었지."

"왜 깨달음을 얻기 위한 첫 번째 단계가 성불구가 되는 거죠?"

"금욕을 하면 정액이 위로 올라가서 영적 생활에 강한 에너지가 된다네. 신체능력 또한 몹시 높아지지. 12년 동안 금욕을 완벽하게 실천하면 누구라도 깨달음을 얻을 수 있을 것이야. 하지만 정상적인 남자라면 금욕은 반년도 불가능하기 때문에 깨달음을 추구하려면 성불구 의식이 첫 번째가 되어야만 하는 거지."

"부처는 성불구 안 돼도 깨달았잖아요?"

"부처는 인도에서 가장 널리 숭배되고 있는 비슈누신의 화신이네."

"화신?"

*용서

"인간 세상이 어려울 때마다 비슈누신은 아홉 가지 모습의 아바타로 인간 세상에 내려와 어려움을 해결해 주었는데, 부처는 그 아바타 중에 하나였어."

"부처는 힌두교신의 아바타일 뿐이니까 성불구가 될 필요도 없이 깨달을 수 있었던 거고, 인도에서 불교가 탄생했지만 크게 발전하진 못한 것도 부처가 힌두신의 아바타이기 때문인 거네요?"

"자네 힌두교에 관심이 있나?"

인도에 있는 거대한 부처상

"관심은 없지만, 시바신하고 시바신의 아들 가네샤는 좋아해요."

"왜 좋아하지?"

"시바 동상을 봤는데, 잘생겨서 반해 버렸거든요."

"오! 어디서 봤나?"

"남치에서요"

"남치?"

남치의 시바신

"시킴왕국의 남치에 있는 시바템플에서 시바를 처음 봤어요. 안개 속에 가려져 있던 거대한 시바의 모습이 잠깐 드러났을 때 근육질의 몸매와 꽃미남 같은 외모를 보고는 멋있어서 좋아하게 되어 버렸어요. 가네샤는 통통하고 귀여운 캐릭터인데다가 믿으면 부자가 된다고 해서 좋아하고요."

"파괴의 신 시바는 부처가 아바타로 활동했던 비슈누와 함께 힌두 최고의 신이야. 그의 아들 가네샤의 머리도 실수로 시바신이 파괴해 버렸지. 창조의 신이기도 한

*용서

시바는 지나가는 첫 번째 동물인 코끼리의 목을 떼다가 가네샤에게 붙여 줬다네. 이처럼 시바는 뭐든 창조하고 파괴하는 최강의 신이야. 그의 아들 가네샤는 어려움을 헤치고 풍요, 번영, 행운을 가져다주는 신의 상징으로 사업을 하는 사람들은 반드시 모시는 신이라네."

"그건 누구나 알고 있는 이야기잖아요! 근데 제가 지금 바빠서 가 봐야 할 것 같아요."

"어디에 가나?"

"전에 복수하고 싶다고 잠깐 말했던 여자랑 기차 타고 여행가요."

"자네도 이제 용서했나보군."

"안 했어요."

"나와 용서에 대한 대화를 하고 나서 용서할 생각은 해봤나?"

"해보긴 했죠."

"용서를 생각하는 것만으로도 그녀에 대한 분노가 줄어들지 않던가?"

"그런 것 같긴 해요. 요즘은 그녀에 대한 분노가 이전만큼 느껴지지 않는 것 같아요."

"분노가 극에 달했을 때는 용서를 할 수 없네. 하지만 자네는 분노를 억누르면서 용서하지 않아도 되는 상태이니 지금이 용서하기 가장 적당한 때 같군."

"적당한 때요?"

"용서에도 다 때가 있는 법이네. 용서는 서둘러서도 안 되고 너무 늦어서도 안 되는 적당한 때가 있네. 그때를 놓치게 되면 용서할 기회가 두 번 다시 찾아오지 않을지도 몰라. 내가 보기엔 지금이 바로 그때인 것 같네."

"난 그녀를 완전히 용서할 수 있을 만큼 마음이 넓지 못해요."

"용서는 마음이 넓은 성인군자들만 할 수 있는 게 아니야! 용서는 단지 자네의 선택일 뿐이네."

"용서한다고 해도 그녀로 인해 생겨난 끔찍한 기억은 영원히 남을 텐데, 어떻게 그녀가 완전히 용서가 되겠어요."

"끔찍한 기억은 하면서, 그대로 내려 두는 것이 바로 용서네."

"당신처럼 깨달음을 추구하는 사람들은 쉽게 내려 둘 수 있을지 몰라도 보통사람들에게 기억을 내려 둔다는 건 말처럼 쉬운 일이 아니에요."

"물론 쉬운 일이 아니기에 용서하기가 어려운 거지. 모든 일에는 많은 노력이 필요하지만, 용서에는 특히 많은 노력이 필요해."

"내가 왜 나한테 잘못한 사람에게 잘해 주려고 노력해야 하는지 이해를 못하겠네요."

"전에도 말했지만 용서는 그녀를 위한 게 아니야. 자네를 위한 거지."

"왜 자꾸 용서하라는 거예요?"

"왜 자꾸 용서를 미루는 건가?"

"제가 먼저 물었잖아요!"

"용서에 이유 따위 필요 없네. 용서는 그냥 해야만 하는 것이야!"

"난 손해 본 게 너무 많은데, 아직 아무것도 돌려받은 게 없어서 용서하기가 힘들어요."

"용서한다는 건 자신이 손해보고 상처받은 것들에 대해서 그 어떤 대가도 요구하지 않는 것이고, 그런 원하지 않던 손해들과 상처에도 불구하고 평화롭게 살아가는 것이네."

"용서를 하게 되면 정말로 마음이 평화로워질까요?"

"섹스가 곧 오르가즘을 의미하진 않듯, 용서가 곧 마음의 평화를 의미하진 않네. 하지만 분명한 건 오르가즘을 느끼지 않아도 섹스는 그 자체로 충분히 만족할 수 있을 때가 있듯, 용서도 그 자체로 마음의 짐을 조금은 덜어 주게 될 것이 분명하네."

"지금 그 애가 걱정되어 당신과의 대화를 끝내고 빨리 그 애한테 가고 싶어 하는 걸 보면, 어쩌면 나도 모르게 그 애를 이미 용서해 버린 건지도 몰라요."

"자네가 항상 손에 들고 있는 카메라를 잡고 놓지 않으려고 한다면, 자네는 아무 것도 잡을 수가 없게 되네. 다른 걸 잡기 위해선 손에 잡은 카메라를 놓아야만 하는 거야. 마찬가지로 분노를 놓지 못하고 쥐고 있다면, 절대로 그녀를 생각하고 걱정하는 일은 생길 수 없을 테지. 자네의 지금 모습은 이미 분노가 떠나고 사랑이 찾아온 모습 같군."

"사랑까진 아니고요."

"용서할 거라면 진심으로 용서해야 하네. 진심으로 용서했을 때 비로소 마음은 평온을 찾고 얼굴은 웃을 수 있지. 진심으로 용서해야만 그녀를 사랑할 수 있는 것이네."

"그녀를 사랑할 생각은 없고요. 그냥 용서해 볼 생각이에요."

"자네의 분노와 사연을 내가 충분히 모르기 때문에 자네가 얼마나 처절하고 고통스러운 시간들을 보내고 나서야 용서할 마음을 먹은 건지 나는 모르겠지만, 자네의 아픈 상처들은 오직 자네만이 치료할 수 있는 것이네. 그리고 분명한 건 내가 자네가 용서할 마음을 먹는데 결정적인 역할을 했고, 그로 인해 자네의 상처가 치료된 것이나 다름없으니, 난 치료비를 50루피 정도는 받아야겠네."

"그래요, 많은 도움이 됐어요. 당신 말대로 나 자신을 위해서 용서할 거예요."

"나 자신을 위해 용서하는 것에서 한 단계 더 나아가야 하네. 자신을 위한 용서를 통해 속박에서 해방될 수는 있을 거야. 그래서 평온을 느낄 순 있겠으나, 진정한 용서는 상대방에게 동정과 사랑을 주면서 기쁨을 느끼는 것이네. 그리고 나에게 50루피를 줌으로써 나도 함께 기쁠 수 있다면 이보다 더 좋은 건 세상에 없는 거라네."

"궁극의 깨달음을 추구하는 사두들은 다들 숨어서 수행하기 때문에 쉽게 눈에 띄

＊용서

는 사두들은 전부 다 가짜라던데. 당신도 자꾸 돈 달라는 걸 보니까 가짜 사두가 맞는 것 같네요."

"깨달음을 추구하기 위해 모든 걸 버렸으니 난 지금 아무것도 없네. 배가 고프면 먹어야 수행을 계속할 것 아닌가? 그런데 돈이 없으니 어떻게 먹겠나? 깨달음을 위해서는 충분한 밥값이 반드시 필요하다네."

"그럼 이곳에 있는 사두들도 전부 가짜가 아니라 진짜 사두들인 건가요?"

"성불구가 되는 사두 입문식을 거치지 않은 가짜들도 분명 섞여 있겠지만, 난 가짜가 아니야! 내 물건을 보여 줄 테니 한번 만져 보게!"

"으악! 50루피 여기 있어요! 돈 줬으니깐 제발 꺼내지 마세요!"

"이 돈은 내 깨달음을 위해 귀하게 쓰도록 하겠네."

"근데 이렇게 사두로 살아간다는 게 외롭진 않나요?"

"난 외로움 때문에 사랑과 섹스가 필요하다 생각했었네. 그러나 누군가를 사랑할 때에만 외로워질 수 있다는 걸 사두가 되어서야 비로소 깨닫게 되었다네."

"그래서 사랑하지 않으니 외롭지 않다는 거죠? 성불구라 이젠 욕망도 없고?"

"인간은 알지 못하는 것을 욕망할 수 없네. 그러므로 욕망이란 이미 알고 있는 것이 반복되는 것일 뿐이지. 나는 사랑이나 섹스를 알고 있기 때문에 욕망이 쉽게 사라지진 않아. 성불구가 되어 버린 지금 깨어 있는 의식 속에서는 더 이상 섹스를 못할지라도 꿈속에서는 가끔 섹스를 하곤 하지. 그래서 성불구가 되었음에도 성기를 계속해서 고문하는 거야."

"계속 고문한다고 꿈을 안 꾸는 건 아니잖아요?"

"욕망을 억제하는 데는 도움이 된다고 생각하네. 깨달은 자는 꿈꾸지 않는 법이기에 깨달을 때까지 고문은 계속될 것이네."

"아, 역시 너무 끔찍하네요! 늦어서 이만 가 볼게요."

"시간이라는 건 말이지, 사람들을 몹시 다양한 모습으로 바꿔 버린다네. 용서하지 못한 사람일수록 그 모습이 아주 초라하고 볼품없지. 다시 만나게 된다면 진심 어린 용서를 통해 아름다워진 자네의 모습을 볼 수 있기를 기대하겠네."

"네! 고마웠어요. 그럼 잘 있어요!"

사두와 헤어지고 나는 숙소로 돌아가 짐을 챙겨 나와 그녀의 호텔로 갔다. 그녀의 방문을 여러 번 노크 했지만 아무런 반응이 없었다. 혹시나 해서 손잡이를 돌려 보니 방문이 열렸고 깔끔하게 정리되어 있는 방 안에는 아무도 없었다. 그녀에게 10번도 넘게 전화를 했지만 받지 않았다. 리셉션에 내려가 확인해 보니 체크아웃을 했다고 한다. 오늘 함께 떠나기로 했으니 체크아웃 하는 건 당연한데, 방에 있을 거라고 생각한 내가 바보 같았다. 그녀는 짐을 호텔에 맡겨 두고 밖으로 나갔기 때문에 호텔에서 기다리면 분명 짐을 찾으러 올 거라 믿고 기다렸다. 하지만 그녀는 만나기로 했던 5시가 지나도 돌아올 생각을 안 했다.

그녀는 갑자기 어디로 사라져 버린 걸까?

강간의 왕국이라는 인도에서 그녀처럼 예쁜 여자를 보면 인도 애들이 정신이 나가서 성폭행을 할지도 모른다. 그녀에게 겁을 주었던 녀석이 결국 그녀를 납치라도 한 건가 하는 불안감이 들어 밖으로 나가서 그녀의 행방을 묻고 다녔다.

＊용서

나는 그녀의 사진을 찍을 기회가 없었다.

그녀의 사진이 없는 나는 그녀의 외모를 떠올려 말로 표현해야만 했다.

"작은 얼굴에 눈은 크고, 긴 갈색 생머리에, 하얀 피부의 예쁜 여자를 못 보셨나요?"

"그런 걸 왜 나한테 묻냐?" 하는 표정으로 멍멍이는 나를 쳐다봤다.

아무리 답답해도 잠자는 멍멍이를 깨워서 묻는 건 아니었나 보다.

알 만한 사람에게 다시 물었다.

"이 아저씨가 뭐라는 거야?" 하는 표정으로 아이가 나를 올려다봤다.
정말 아무도 그녀를 본 적이 없는 걸까?

동네 아줌마들도 그런 여자가 어디로 갔는지는 본적이 없다고 했다.

*용서

나는 더 이상 그녀를 찾아다니기를 포기하고, 그녀가 호텔에 맡겨 둔 짐을 찾으러 나타나기만을 조용히 기다렸다. 난 그녀가 어디로 사라져 버린 지도 모르는 채 혼자 마음속으로 용서하며 이야기를 끝냈어야만 했다. 그렇게 되었다면, 나름 특별했던 나의 여행기가 약간의 여운을 남기며 끝났을지도 모른다. 하지만 그녀는 내 앞에 다시 나타나서 이야기를 들려 줬다.

그 이야기로 인해 나의 여행기는 더없이 식상하고 지루해져 버렸다. 그녀가 사라졌던 시간에 경험한 이야기는 내가 원했던 평범한 여행기에서 완전히 벗어나는 내용이다. 하지만 이런 일이 생겨 버린 걸 어쩌란 말인가? 난 그녀에게 이런 일이 생기길 조금도 바라지 않았다.

난 그녀에게 너무 자세한 이야기를 들었다. 난 그녀의 시각으로 그녀가 잠시 사라져 있던 시간 동안 발생한 사건을 적어 보려 한다.

카주라호

24살의 젊고 아름다운 일본 여성 사토미는 카주라호에서 일본어로 인사를 건네며 예쁘다고 관심을 보이는 잘생긴 인도 남자를 만났다. 카주라호에 오기 전까지 동행이었던 친구와의 대화가 떠올랐다.

"인도 애들은 외국 여자만 보면 예쁘다고 하면서 작업을 걸어! 못생기고 늙어서 자기 나라에선 절대 안 통하는 애들이 인도에 오면 예쁘단 소리도 듣고, 섹스도 즐길 수 있으니 얼마나 좋겠어."

"인도 애들이 원래 그런다는 거 다 알 텐데⋯⋯."

"다 알면서도 인도 애들이 여자로 봐주는 게 기쁘고, 예쁘다는 착각에 빠져 행복감을 느낄 수도 있으니까. 그런 여자애들은 잠깐이라도 사랑받는 느낌을 받고 싶어서 인도 애들하고 섹스를 즐길 만큼 외로운 애들일 거야."

"인도 애들이 그만큼 적극적이어서 넘어가는 거지."

"인도 애들이 한국 여자는 '식당', 일본 여자는 '게스트하우스'라고 한다잖아. 그래서 그렇게 적극적인 거야."

"어떻게 만났든 둘이 진심으로 사랑하면 된 거지. 인도 애들과 사귀거나 결혼해서 살고 있는 커플들 몇 번 봤는데, 여자도 예쁘고 남자도 잘생겼더라."

"예쁘고 잘생긴 커플들도 있겠지만, 내 말은 조심하라는 거야."

"뭘 조심해? 인도 애들이 나한테 예쁘다고 하는 걸 내가 정말 예뻐서 그런 게 아니니깐 예쁘다는 말에 넘어가지 말고 조심하라는 거지?"

"그런 말이 아니야. 너처럼 예쁜 애가 껄떡쇠들 많다는 카주라호에 혼자 가면 무슨 일이라도 생길까 봐 걱정돼서 그런 거야."

＊용서

친구의 말대로 카주라호에는 껄떡쇠들이 많아서 일일이 무시하는 것조차 피곤하게 느껴질 정도였다. 그런데 좀 전에 일본어로 인사를 건넨 그 남자는 이상하게도 호감이 갔다. 감정이 그대로 드러나는 그의 밝은 표정, 아이처럼 웃고 있는 그는 몹시 행복해 보였기에 그를 보고 있으면 기분이 좋아졌기 때문이다.

여행지에서 만나는 현지인들이 아무런 대가도 없이 웃어 주고 친절을 베풀 때 여행이 더욱 풍요로워지는 걸 느낀다. 어쩌면 여행은 그곳에 가지 않으면 만나지 못했을 그들을 만나기 위해 떠나는 건지도 모른다. 혼자 떠난 여행에서 더 많은 만남의 기회가 있고, 여행을 통해 만나게 된 친구들은 좋은 인연이 되어 오랫동안 소중한 친구로 남는다.

그와 잠깐 동안 나눈 대화를 통해 그에게는 전혀 나쁜 의도가 없음을 확인할 수 있었고, 무엇보다 그가 매우 친절하고 유머 넘치는 매력적인 남자로 느껴졌다. 천진난만하게 웃는 그의 모습은 아무리 봐도 한없이 순수해 보일 뿐이었다. 그의 친절함과 편안함에 끌려 함께 식사를 했고, 그의 오토바이를 타고 오직 그만 알고 있는 비밀 장소에도 따라가 봤다. 밤에는 반딧불이를 보러 가기도 했다. 여행 중에 좋은 친구를 만나게 되면 여행이 더 즐겁고 행복해진다. 그와 함께 보낸 시간들은 영원히 좋은 추억으로 남을 것이다. 그녀는 이런 좋은 기억을 만들어 준 그에게 진심으로 고마웠다.

그녀는 그의 친절을 통해 많은 걸 배웠다. 그간의 나쁜 짓들로 인해 수많은 사람들에게 안겨 준 고통과 상처를 보상하기 위해서라도 앞으로는 모든 사람들에게 더욱 따뜻하고 친절하게 대해야겠다고 생각했다. 그녀는 이제 사람들을 만나서 고통을 주기보단, 대가를 바라지 않는 친절과 사랑만을 주어야겠다고 다짐했다.

그와 저녁식사를 하고 간단하게 술을 한 잔 했다. 술이 한 잔 들어가자 그는 그녀에게 잠자리를 요구했다. 그의 모든 친절과 관심은 오직 그녀와 섹스를 하기 위해서였다. 그동안의 남자들을 만나서 경험한 바에 따르면, 그 역시 똑같을 거란 의심은 했지만, 어쩌면 그는 조금 다를지도 모른다고 생각했다. 그가 따뜻하고 좋은 사람이기 때문에, 그의 친절 또한 순수한 의미의 친절일 거라는 모순된 기대감과 믿음이 더 컸다.

사토미는 아이처럼 대가를 바라지 않는, 미소와 웃음을 주는 사람이 되고 싶어졌다.

　　　　　　　　　　　　　　　　　　　　　*용서

그의 잠자리 요구로 인해 이유 없는 친절은 없다는 걸 확인하게 된 그녀는 크게 실망할 수밖에 없었다. 무엇보다 그는 너무 성급했고 타이밍이 지나치게 부적절했다. 경계심을 풀어 믿음을 주는 데까진 성공했지만, 그녀의 성적 욕망을 자극하는 단계를 무시하고 섹스를 요구했다.

남자들은 젊고 예쁜 여자들을 볼 때마다 성적인 욕망에 시달릴지 몰라도, 대부분의 여자들은 사랑받고 있다는 느낌과 로맨스가 있을 때 성적인 욕망이 생긴다. 그는 좀 더 시간과 노력을 들였어야 했다. 그가 그녀와 있는 시간에 무척 행복해 하는 모습을 보이면서 온 신경을 그녀에게 집중해 정성을 다하고, 그 과정에 그녀의 성적 욕구가 조금씩 증폭되도록 노력했어야만 했다. 그녀를 애타게 하는 약간의 심리전만 있었어도, 그녀가 먼저 원했을지도 모른다. 그만큼 그는 충분히 매력적이었으니까.

지금 그녀는 그와 좋은 친구가 되고 싶을 뿐, 섹스하고 싶은 생각은 조금도 없었다. 만나서 서로 즐거운 시간을 보냈다면 그걸로 충분하다고 생각한 그녀는 그의 요구를 거부하고 카주라호를 떠났다.

그러나 자신이 그녀에게 베푼 친절에 대한 대가로 섹스를 원했던 남자의 병적인 집착은 그녀를 바라나시까지 쫓아와 찾아낼 수 있을 정도로 강했다. 집착은 하는 사람과 당하는 사람 모두에게 걷잡을 수 없는 고통을 안겨 줄 만큼 위험하다. 그의 강한 집착은 그녀에게 두려움과 공포를 심어 주었다.

그가 무서워진 그녀는 도움을 청할 마땅한 사람이 없어 자신에게 원한을 가지고 있을지도 모를 테리에게 전화를 했다. 테리는 그녀를 걱정하며 곧바로 달려왔지만, 그 남자와의 관계에 대해서 말해야 할 필요성이 느껴지지 않아 그냥 모르는 사람이라고 말했다. 그 말을 듣고 테리는 별일 아니라는 듯 그냥 가 버렸다. 다시 전화했을 때는 곧바로 와 주지도 않았다. 체크아웃을 하고 짐을 보관하고 있을 때 호텔로비로 들어온 그 남자는 그녀에게 대화를 요청했다.

그녀가 단호하고 분명하게 말한다면, 그가 더 이상 괴롭히지 못할 거라는 생각으로 대화 요청을 받아들였다. 호텔 건너편 2층에 있는 레스토랑에서 밥과 맥주를 주문해서 그와 함께 먹으며 대화를 했다. 그녀가 맥주를 한 모금 마셨을 때 맥주에 약을 탄 것 같은 이상한 기분이 들었다. 그녀는 화장실을 다녀온 것도 아니기에 그가 몰래 약을 탈 수 있는 시간은 없었다. 하지만 맥주의 맛과 느낌이 분명 이상하게 느껴졌다. 어지러움을 느껴 더 이상 마시지 않고 밖으로 나온 그녀의 앞에는 세 명의 남자가 차를 세워 두고 기다리고 있었다. 그녀는 아찔함을 느끼며 정신을 잃었다.

대부분의 여행자들은 자신이 납치될 수도 있다는 생각은 전혀 하지 못한다. 자신이 성폭행의 피해자가 된다거나 오늘 사고로 죽게 될 거라는 건 상상도 못한다. 하지만 그런 일들은 다른 차원에서 일어나는 일들이 아닌 현실에서 자주 일어나는 일이며, 특별한 사람에게 일어나는 일이 아닌 모든 여행자들에게 일어날 수 있는 일이다. 모든 여행은 언제나 커다란 위험을 내포하고 있기 때문에 언제 무슨 일이 일어날지는 아무도 모른다.

＊용서

인생이 꼭 행복한 것만은 아니듯, 여행이 꼭 즐거운 것만도 아니다. 인생은 끊임없는 고통이 뒤따르고, 여행은 언제나 사건·사고의 위험이 뒤따른다. 여행을 통해 우리는 많은 걸 배우고 즐거움을 느끼기도 하지만, 상처나 고통을 겪게 될 때도 많다. 하지만 고통을 통해 우리는 더욱 많이 배울 수 있고 성장할 수 있다. 시간이 지나면 고통은 언젠가 가장 좋은 추억으로 남을 수도 있지만, 모든 경험과 고통이 배움과 성장의 계기가 되는 건 아니다. 시간이 지날수록 더욱 끔찍한 고통으로 남는 경험 또한 존재하기 마련이다.

누군가 몸을 더듬고 만지고 있는 느낌이 들어 깨어난 그녀의 눈에는 옷을 벗기고 있는 그가 보였다. 그녀는 최대한 침착하게 행동해야 한다고 생각했다. 납치당한 그녀가 저항하거나 거부한다면 어딘지 알 수 없는 이곳에서 더 끔찍한 일을 당할지도 모르기 때문이다.

그녀가 차분하게 그에게 질문했다.

"어떻게 된 거야?"

하지만 그녀의 물음에도 그는 말없이 그녀의 옷을 벗길 뿐이었다.

그녀를 납치까지 해서 강간하려는 그의 행동을 그녀는 여전히 이해할 수가 없었다. 그는 충분히 매력적이었기 때문에 그렇게 성급하게 요구하지 말고 조금만 더 시간과 노력을 들였다면, 섹스를 허락하는 것쯤은 그녀에게 그다지 어려운 일이 아니었다.

그가 나쁜 사람이 아닐 것이라는 믿음이 여전히 남아 있었기에 대화로 잘 풀어 나가면 지금의 상황에서 벗어날 수 있을지도 모른다는 기대감으로 그녀가 침착하게 말했다.

"네가 나에게 지금 무슨 짓을 하려는지 모르겠지만, 나는 너에게 어떤 나쁜 마음도 갖고 있지 않아. 지난번에 거절해서 마음 상했다면 정말 미안해. 내가 너에게 본의 아니게 상처를 주게 된 거 진심으로 사과할게. 우리 이런 데서 말고 호텔에 가서 깨끗이 씻고 제대로 하자. 여긴 너무 지저분하지 않니?"

그는 인도인들 특유의 방식으로 고개를 흔들며 대답했다.

*용서

"no problem."

"나 생리중인데 괜찮겠어?"

"no problem."

"나 사실은 에이즈에 걸렸는데 상관없어?"

"괜찮아. 나도 에이즈야. 며칠 전에 확인했어."

"저기 혹시 마리화나 있니?"

"왜?"

"섹스는 마리화나와 함께할 때 더 좋잖아"

"잠깐 기다려."

그가 문을 열고 밖으로 나갔다.

인도에선 어디서건 마약류를 구하기가 정말 쉽다. 인도의 몇몇 도시에서는 마리화나가 잡초처럼 아무렇게나 나 있어서 여기저기 잔뜩 깔려 있기도 하다. 인도에서는 술보다 마약을 구하는 게 100배쯤 쉽다. 인도에는 고아나 라자스탄 등 마리화나가 합법인 도시들도 많다.

바라나시에서는 마리화나의 엑기스인 방(Bang)이 합법이다. 라시(인도 요거트)를 좋아하는 사람들은 마리화나 엑기스가 들어간 줄도 모르고 스페셜 라시(방라시)를 마시고는 골목길을 걷다가 갑작스럽게 쓰러져서 다 털리거나 성폭행 당하는 경우도 많다. 물론 호기심에 방라시를 먹어 봤지만, 아무런 느낌도 없었다는 사람들이

인도의 일부 도시에선
잡초보다 흔한 마리화나
(사진은 돌 틈에서도
자라고 있는 마리화나)

더 많기는 하지만 말이다. 바라나시에서 그녀의 정신을 잃게 만들었던 환각물질도 아주 쉽게 구했을 거다. 냄새만 살짝 맡아도 즉시 기절할 수 있는 약물도 인도에서는 너무 흔하니까.

그가 문을 열고 나간 것을 보니, 문은 그냥 열면 열린다. 남자의 발걸음 소리가 멀어지는 게 들렸다. 셔터 열리는 소리 같은 게 들리고는 잠깐 동안 아무런 소리가 들리지 않았다. 먼지 가득한 더러운 창고 안에는 창문조차 없었고, 수많은 전선들이 복잡하게 엉켜 있었다.

수명이 얼마 남지 않은 듯 깜박거리는 치매 걸린 백열등 하나 말고는 작은 빛조차 비집고 들어올 틈도 없어 보였다. 여기서 도망칠 생각이라면 지금 당장 문을 열고 도망쳐야만 했다.

그녀는 문을 열기 위해 떨리는 손으로 문의 손잡이를 잡고 돌렸다. 문을 열었을 때 무슨 일이 일어날지 확신할 수는 없었지만, 달리 방법이 없었다. 도망칠 생각을 하니 온몸의 근육이 긴장으로 굳어졌다. 그녀의 손은 자신의 것이 아닌 듯 부

*용서

자연스럽게 움직였다. 문이 밖에서 잠겨 있는지 열리지가 않았다. 창고 안을 둘러보니 녹이 슨 망치나 대못이 촘촘히 박혀 있는 각목들과 톱, 쇠파이프 같은 위험한 것들이 많이 있었다. 그가 마리화나를 가지고 들어올 때 문이 열릴 것이다. 그때 그를 공격해서 쓰러뜨린 후 밖으로 도주를 해야 한다.

다시 서터 올라가는 소리가 들리고 그의 발걸음 소리가 들렸다. 그녀는 망치를 하나 집어 들고 문이 열리기를 기다렸다. 심장이 몸을 뚫고 나올 듯 심각하게 펄떡였다. 그녀의 손은 여전히 그녀의 의지대로 가만히 있어 주질 않고 요란스럽게 떨렸다. 망치를 제대로 잡고 있기가 힘들었다. 그가 문을 열고 창고로 다시 들어오는 순간까지는 마치 시간의 흐름이 정지된 듯 느리게 느껴졌다.

결국 그녀는 문이 열리기 직전에 망치를 원래대로 둘 수밖에 없었다. 그가 들어왔을 땐 마리화나를 말아서 손에 들고 있는 그를 멍하니 쳐다볼 뿐이었다.

둘은 몇 개의 마리화나를 나눠서 피웠다. 그녀는 취하지 않으려고 깊게 빨아들이지는 않았지만, 긴장을 풀기 위해 한 모금 정도는 깊게 빨아들였다. 몸의 떨림이 조금은 진정되는 듯했다. 하지만 그건 마리화나가 아니라 분명 해시시였다. 해시시(대마수지)는 마리화나(대마초)에서 엑기스를 추출하여 헤나염료나 밀초, 파라핀, 동물의 분비물이나 기름 등을 섞은 것으로, 마리화나보다 환각성이 10배까지 강하다. 기름 형태로 만든 해시시 오일은 오일 한 방울만 담배에 떨어뜨려 피워도 대마보다 20배 강력한 효과를 낸다.

그가 충분히 해시시에 취해 있다고 느껴질 때쯤, 그녀는 도망칠 때 그가 따라오는 속도를 늦추기 위해 그의 옷을 벗기기 시작했다.

그의 옷을 모두 벗긴 후에 그녀가 화장실에 다녀와도 되는지를 묻자, 그는 화장실은 없으니 그냥 여기서 해결하라고 대답했다.

화장실 다녀온다며 도망갈 수도 없으니 반항하지 않고, 차분하게 모든 요구를 들어주는 게 최선인 듯했지만, 그런다고 이곳을 무사히 벗어날 수 있으리란 보장도 없었다. 그에게 강간당하지 않고 도망칠 수 있는 방법을 생각해야만 했다. 그러나 두려움은 어떤 방법도 떠오르지 못하게 그녀의 뇌가 할 수 있는 모든 생각을 차단해 버렸다. 그의 성기는 딱딱하게 굳어 있었다. 그의 성기는 자신이 무엇을 갈망하는지 알지만, 그의 뇌는 그 갈망으로 인해 얼마나 큰 잘못을 저지르고 있는지 모르는 듯했다.

문득 고환을 공격당한 남자는 꼼짝도 못하고 한동안 쓰러져서 일어나지 못한다는 사실이 떠올랐다. 그녀는 그의 고환을 쓰다듬으며 공격할 기회를 노렸지만, 실패에 대한 두려움 때문에 쉽게 공격을 할 수가 없었다.

그녀가 그의 고환을 만지며 말했다.

"섹스가 끝나면 나를 보내 줄 거니?"

그는 아무 말 없이 그녀의 얼굴을 빤히 쳐다보다가 한참 뒤에 대답했다.

"나와의 섹스가 끝나면 밖에서 다음 차례를 기다리는 세 명의 친구들이 더 있어. 너를 어떻게 할지는 그 친구들이 너와 섹스를 한 후에 결정할 일이야."

그 말을 들은 그녀는 자신도 모르게 그의 고환을 꽉 쥐고는 비틀어 버렸다.

*용서

서터

그가 비명을 지르며 그녀의 뺨을 세차게 내려쳤다. 그가 고환을 잡고 고통스러워
할 때, 그녀는 문을 열고 밖으로 나갔다. 그녀는 그가 나오지 못하게 밖에서 문을
잠갔다.

문 앞에는 위로 올라가는 좁은 계단이 있었고, 계단의 끝은 셔터로 막혀 있었다.
그리고 셔터 윗부분은 망처럼 뚫려 있었다. 한걸음씩 천천히 계단으로 올라가 셔
터에 뚫려 있는 부분을 통해 밖을 내다보았다.

그녀를 차에 태워 납치했던 자들로 보이는 세 명의 남자들이 담배를 물고 어슬렁
어슬렁 거리는 게 보였다. 다행스럽게도 그 앞으로는 많은 차들이 다니는 큰 도로
가 있었고, 건너편에는 총을 들고 지나가는 군인 같은 사람들도 보였다. 일단 셔
터를 열고 밖으로 나가 소리를 질러 도움을 청해야만 했다. 셔터 앞에서 어슬렁거
리던 남자 중 한 명이 전화를 받더니 분위기가 심각해졌다. 분명 창고에서 그가
전화를 건 게 분명했다. 셔터가 올라가기 시작했다.

그녀는 셔터가 반쯤 올라갔을 때 셔터를 올리고 있는 남자를 밀쳐내고 밖으로 뛰
어 나갔다.

318

총을 들고 지나가던 군인들과 눈이 마주쳤다. 소리를 지르려 했는데, 세 명의 남자들이 순식간에 그녀의 입을 틀어막고 다시 계단으로 끌고 내려와 버렸다. 그리고 셔터는 다시 닫혀 버렸다.

다시 더러운 창고로 끌려 내려간 그녀의 앞에는 고환을 공격당했던 그가 썩은 소파 위에 옷을 입고 앉아 있었다. 세 명의 남자들은 창고 안에 놓여 있던 망치와 쇠파이프 같은 연장들을 하나씩 꺼내 들고는 그녀를 쳐다봤다.

이런 상황에서 그녀가 다시 도망치려 하거나 반항한다면 그들은 분명 손에 들고 있는 연장으로 폭행을 하거나 죽일지도 모른다. 그녀는 다시 차분하게 마음을 진정시키려고 노력하며 그들이 때리거나 옷을 벗기기 전에 스스로 옷을 벗었다.

견디기 힘든 공포감과 수치심으로 그녀의 몸이 심하게 떨렸다. 다리가 너무 떨려서 제대로 서 있기도 힘들었다. 최대한 침착하게 그들에게 말하려 입을 열었지만, 목소리가 제대로 나오지 않았다.

심하게 떨리는 목소리로 그녀가 말했다.

*용서

"만약 나에게 폭력을 행사한다면 난 경찰에 신고할 거고, 나는 외국인이기 때문에 문제가 너무 커질 거야. 너희들이 원하는 대로 다 해줄게. 그리고 무사히 나를 돌려보내 준다면 신고하지 않을게."

네 명 중 한 명이 핸드폰으로 동영상을 찍으면서 속옷도 마저 다 벗으라고 말했다. 더 이상 도망치거나 빠져나갈 방법이 없다면 그들의 요구를 다 들어주고 무사히 살아서 나가는 게 최선이라는 생각이 들었기에, 그녀는 반항하지 않고 팬티까지 모두 벗고 나서 말했다.

"섹스가 끝나면 날 보내 줄 거지?"

그들 중 하나가 녹이 슬어 있는 쇠파이프로 그녀의 음모를 툭툭 치며 말했다.

"우리는 너의 아름다운 얼굴을 완전히 뭉개 버릴 거야. 너의 아름다운 몸 안에 쇠파이프를 넣고 내장까지 다 후벼 판 후에 너를 강간할 거야."

그들의 말에 그녀의 심장은 칼로 난도질당한 듯 아파 오기 시작했다. 실제로 폭행을 당하지 않아도 그렇게 될 거라는 생각만으로도 몸은 미래의 고통을 먼저 느끼고 반응한다. 생각으로 입은 상처는 실제로 입은 상처보다 훨씬 아프고 오래간다.

그들에게 폭행을 당하고 어딘가에 버려지거나, 고통스럽게 죽어야 하는 걸 정해진 운명처럼 받아들이는 것 말고는 아무것도 할 수 없다는 무력감은 그녀의 마음을 끝도 없는 지옥의 고통 속으로 데리고 갔다.

그는 더 이상 고환이 아프지 않은 듯 친구들과 웃으며 대화를 했다. 그리곤 그녀에게 말했다.

"난 너와 정상적인 섹스를 원해. 하지만 친구들은 그렇지 않은 모양이야. 네가 거부하고 반항할수록 내 친구들이 더 흥분할 수 있고, 너를 때리면서 아름다운 모습이 부서져 가는 걸 보면 쾌감을 느낄 거라는군."

그들은 그녀와의 섹스를 원하는 게 아니라 단지 끔찍한 고통을 주고 싶은 것뿐이었다. 눈물이 흘러내렸다. 그를 만나기 전으로 돌아가 이런 끔찍한 상황을 피하고 싶었다. 그들에게 강간과 폭행을 당한 후에 온몸이 피투성이가 되어 알몸으로 어딘가에 버려져 있는 자신의 모습을 생각하면, 지금 당장 죽는 게 나을 것 같았다.

창고에는 여기저기 흉기가 많이 있었다. 그녀가 자살할 생각으로 가까이에 있는 날카로운 무언가를 손으로 잡기 위해 몸을 움직였을 때 밖에서 셔터 올라가는 소리가 들렸다. 창고 안에 네 명 말고도 그녀를 강간하고 폭행하기 위해 순서를 기다리는 사람들이 더 있었던 것이다.

＊용서

지금 그녀가 느끼고 있는 고통스러운 상황이 현실이 아닌 것만 같았다. 아니라고 믿고 싶었다. 잠시 악몽을 꾸고 있는 것뿐이라고 생각하고 싶었다. 악몽에서 깨어나 눈을 떴을 때, 그녀가 존재하던 현실로 돌아오길 바랐다.

그를 처음 만났을 때 그는 분명 순수하고 좋은 사람이었다. '겉으로 보이는 사람의 이미지라는 건 마음먹으면 언제든 쉽게 조작이 가능하지만, 겉으로 보이지 않는 이미지는 조작이 불가능하다'라고 그녀는 생각해 왔다. 사람의 내면은 눈에 보이지 않는 것인데, 그녀는 내면을 판단할 수 있다고 착각했던 것이다. 그 결과 그녀는 지금 끔찍한 성폭행을 당할 위기에 처해 버렸다.

테리를 비롯한 많은 사람들에게 그녀가 저지른 범죄와 그들이 받았을 고통이 떠오르며, 어쩌면 그녀가 저지른 모든 악행이 그대로 되돌아오는 것일 뿐인지도 모른다는 생각도 들었다.

곧이어 누군가 문을 열고 창고 안으로 들어왔다. 그들은 아까 밖에서 눈이 마주쳤던 도로 건너편 군인들이 분명했다. 알몸으로 서 있는 그녀의 나체를 다리에서부터 천천히 시선을 위로 옮겨가며 관찰하던 군인들은 그녀의 얼굴에서 시선이 멈추고 그녀와 눈이 마주쳤다. 그리곤 시선은 다시 허벅지 쪽으로 내려갔다.

군인은 그녀에게 말했다.

"무슨 일 있나요?"

갈증

|

바라나시 이야기의 스토리와는 아무런 관련이 없는 번외편 첫 번째 이야기로,
바라나시에 처음 도착한 다음날 발생했던 아주 짧은 에피소드입니다.

내가 처음 바라나시에 갔을 때, 나는 바라나시의 더러움과 혼란에 큰 충격을 받았다. 사진을 찍으려 셔터를 누를 때마다 손가락에 화상을 입을 정도로 뜨겁기까지 했다. 사람들은 바라나시가 현재 50도가 넘어서 그럴 것이라고 말했다. 나는 바라나시의 에어컨도 없는 옥탑 방에서 첫날밤을 보냈다. 더워서 샤워를 하려고 물을 트니 샤워기에선 계란도 익을 만큼 뜨거운 물만 나왔다.

더워서 이리저리 뒤척이다 새벽 3시가 넘어서야 간신히 잠들었지만, 결국 견디기 힘든 갈증을 참지 못해 깨어난 시간은 새벽 4시 45분. 방 안에는 어제부터 사다 마신 7개의 빈 페트병들만 아무렇게나 널브러져 있었다. 다시 잠들긴 힘들 것 같아 카메라를 목에 걸고 밖으로 나갔다.

거지로 보이는 한 남자가 숙소 앞에서 강아지에게 우유를 부어 주고 있었다. 거지의 우유마저 빼앗아 마시고 싶을 만큼 심각한 갈증이 나를 어지럽혔다. 바라나시의 좁은 골목길들을 이리저리 돌아다녀 보지만, 물을 살 수 있는 곳은 어디에도 없어 보였다.

골목길에는 아직 잠에서 깨지 못한 건지 너무 굶어서 일어날 힘조차 없는 건지, 어쩌면 죽은 건지도 모를 병들고 삐쩍 마른 개들이 아무렇게나 누워 있었다. 병든 개들과 좁은 골목길을 다 차지하고 졸고 있는 소들을 피해 미로 같은 바라나시 골

목길을 생각 없이 이리저리 헤매다가 결국은 길을 잃고 말았다.
길을 잃어버렸기 때문에 다행히도 물을 파는 점방을 발견할 수 있었고, 불행히도 누런 이빨을 드러내고 으르렁 거리며 나를 잡아먹으려는 미친개들을 만날 수 있었다.

내가 조금이라도 몸을 움직이거나 반응을 보이면 당장이라도 달려와서 물어뜯을 것만 같은 미친개들 앞에서 내가 할 수 있는 건 겁먹고 움직이지 못하는 것 말고는 아무것도 없었다.

개의 으르렁거림 때문인지 바닥에 누워 있던 거지가 눈을 비비며 일어났다. 신기하게도 아무리 무서워 보이는 개들이라도 현지인들의 말은 잘 듣는다. 거지는 간단하게 손짓 한 번만으로 개들을 쫓아 냈다. 개들이 다른 곳으로 사라진 후 거지는 한없이 온화하고 평화로운 눈빛으로 나를 쳐다보고는 부드럽게 미소 지으며, 이제 안심하고 길을 지나가도 된다고 손짓했다.

무척이나 고마운 마음이 들어 거지에게 20루피를 꺼내어 주니, 거지는 돈 때문에 도와준 것이 아니라고 손사래를 치며 돈을 사양했다. 거지가 돈을 마다하는 말도 안 되는 상황이 돈이 적어서 그런 거라 판단한 나는 거금 50루피를 꺼내어 거지에게 주었다. 거지는 여전히 돈을 사양하며 이렇게 말했다.

"그냥 주는 돈이라면 받겠지만 도움의 대가로 주는 돈은 받지 않겠다. 나에게 정말 고맙다면 며칠째 제대로 먹은 것이 없어 배가 고프니 너의 손에 들고 있는 쿠키나 달라."

결국 난 물과 함께 샀던 5루피짜리 싸구려 과자를 거지에게 건네줄 수밖에 없었다.

"아무래도 개들이 나보다 더 배가 고파서 이젠 사람까지 뜯어먹으려 드네."

라고 농담을 하며 자리에서 일어난 거지는 점방 쪽으로 걸어가더니 점방 주인 옆에 앉았다. 그리고는 과자를 꺼내 나를 물어죽일 듯 으르렁댔던 미친개의 입에 쿠키를 한 개씩 넣어 줬다. 점방 주인은 가만히 앉아 조용히 그 모습을 지켜보고만 있었다.

미친개 한 마리가 거지에게 얻어먹는 것을 보고는 동네 거지 개들이 어딘가에서 하나둘 모여들었고, 개들에게 쿠키를 나누어 주느라 결국 거지는 단 한 조각의 쿠키도 먹지 못했다.

자신의 배를 채우는 것보단, 굶주린 개들과 먹을 것을 나누면서 자신이 어떤 존재가 되어 가는지를 중요하게 생각했던 거지는 특별하거나 대단한 존재가 아니다.

하지만 누군가를 돕고 사랑을 나누기에는 조금도 부족함이 없는 존재였다. 진정으로 가난한 사람은 물질적인 결핍이 있는 사람이 아니라 가진 게 많아도 아무것도 나눌 수 없는 사람들이다. 그는 비록 거지였지만, 나보다 가난해 보이진 않았다.

언제나 거지를 무시하고 살았던 나에게, 지금은 아무것도 나눌 여유가 없으니 나중에 부자 돼서 어려운 이들과 나누며 살아야겠다고 생각했던 나에게 거지가 이렇게 말하는 것만 같았다.

"거지도 나눌 것이 있는데, 지금 네가 나눌 것이 없다는 게 말이 되느냐? 네가 도울 수 있고 나눌 수 있는 것이 있다면, 지금 당장 나눔의 삶을 실천하며 살아가라! 스치듯 만나는 모든 인연들에게 따뜻함과 정을 나누고, 사랑을 나누며 살아가라!"

거지는 아무 말도 하지 않았지만, 거지의 행동은 분명 나에게 그런 말을 하고 있었다.

PART 22

다우리

군인 덕분에 무사하게 그곳을 벗어난 그녀는 경찰서에서 진술을 하고 고소장을
작성하는 등 많은 시간이 지나고 짐을 보관해 둔 숙소로 다시 돌아왔다. 그녀를
데리고 온 총을 메고 있던 경찰은 경찰차는 어디 두고 릭샤를 타고 온 건지 릭샤
를 타고 돌아갔다.

바라나시 경찰

＊용서

그녀는 호텔에서 걱정하며 기다리던 나를 보고는 미소를 지었다. 그녀의 미소에서 고통의 흔적이 보였다. 무슨 일이 있었던 걸까?

호텔 1층 로비에 있는 소파에서 그녀가 이야기를 시작했다. 인도 여자 한 명이 지나가다 이야기를 듣고는 반대편 소파에 앉았다. 심각한 이야기를 하고 있는데 누군지도 모르는 사람이 옆에서 듣고 있는 게 너무 불쾌하게 느껴졌지만, 그녀는 상관없다는 듯 이야기를 계속했고 나도 조용히 듣고 있었다. 그런 끔찍한 경험을 겪은 지 얼마 지나지 않았음에도 모든 걸 차분하게 정리해서 이야기하고 있는 그녀의 태도가 날 놀라게 했다. 남의 이야기 하듯 편하게 말하는 걸 보면 그녀가 정말 그런 일을 겪은 것인지 의심이 들 정도였다. 하지만 거짓을 그렇게까지 자세하게 말할 이유는 조금도 없었다.

군인이 그녀를 구해 내고 경찰에 넘기는 과정에 대한 설명은 그녀가 자세히 해주지 않아서 잘 모르겠다. 확실한 건 군인으로 인해 그녀가 무사할 수 있었다는 거다. 그녀에게 그 부분이 중요하니 자세히 설명해 달라고 요구하기도 뭐했다. 그냥 이야기해 주는 대로 들을 수밖에 없었다. 군인과 그들의 격투라던가 큰 문제는 없었던 걸로 보인다. 끔찍한 상황은 흥미롭게 잘도 말해 주면서, 가장 궁금한 부분은 제대로 말해 주지 않는 게 조금 아쉬웠다.

"팬티도 안 입고 있는데 군인들이 들어와서 내 허벅지를 한참 동안 빤히 쳐다보는 거야! 군인들이 들어왔는데 그놈들이 별다른 저항도 안 하고, 얌전하게 있으니까. '아, 이놈들까지 한패구나!'라는 생각이 들더라. 근데 군인이 갑자기 나한테 '무슨 일 있나요?'라고 물어보면서 자기 셔츠를 벗어서 입혀 주는 거야. 그때 마음은 전혀 진정이 안 되는데, 긴장이 살짝 풀어져서 그런지 순간적으로 주저앉아 버렸어. 아무튼 군인들이 안 왔으면 무슨 일이 생겼을지 생각만 해도 너무 끔찍해."

생각만 해도 너무 끔찍하다는 사토미의 말이 끝나자마자, 기다렸다는 듯 반대편 소파에 앉아 있던 오지랖 넓은 인도 여자가 말했다.

바라나시 경찰들

＊용서

"보통은 외국 여자를 상대로 그렇게까지 심한 짓을 하려고 시도하지 않을 텐데 정말 이상하네요. 그래도 정말 다행이에요."

남의 이야기를 함부로 듣고는 참견까지 하는 인도 여자가 너무 싫었다. 빨리 일어나서 다른 곳으로 가 주기만을 바랐다. 이런 불행을 겪은 그녀에게 다행이라는 말까지 하다니 개념도 없어 보였다. 심지어 그 인도 여자는 질문까지 했다.

"어느 나라에서 왔어요?"

나는 한국 사람이고, 사토는 일본 사람이라고 대답하면서, 인도여자가 더 이상 참견하지 말고 빨리 떠나 주기를 바라는 마음으로 내가 말했다.

"이렇게 끔찍한 일도 생기고, 나는 인도 사람들이 정말 싫어요."

인도 사람들이 싫다는 말에 자신이 참견하는 게 싫다는 걸 알아듣고 갈 줄 알았다. 하지만 인도 여자는 그녀에게 또 말을 했다.

"인도는 당신처럼 예쁜 여자가 혼자 여행 다니기 위험한 나라에요. 보통의 외국인 여자였다면 분명 인도 남자들이 그렇게까지 하진 않았을 거예요."

역시 인도인들의 넓은 오지랖과 남의 일에 참견하기 좋아하는 습성은 우주최고인 것 같다. 인도 여자의 참견을 막는 걸 포기하고 차라리 대화를 하기로 했다.

"그럼 당신은 혼자 다녀도 안 위험해요? 좋은 동네 몇 군데 빼고는 인도에 예쁜 여자는커녕 혼자 다니는 젊은 여자도 거의 못 본 것 같은데, 인도 여자들은 밖에 잘 안 나오는 건가요? 아니면 여자가 별로 없는 건가요?"
"저도 대부분 해가 떨어지기 전에 집에 들어가서 밖에는 잘 안 나가요. 그리고 인도는 남자가 여자보다 4천만 명쯤 더 많을 거예요."

"인도의 인구수에 비하면 큰 차이는 없어 보이지만, 여자가 더 적은 특별한 이유라도 있나요?"

"인도에서 딸은 굉장히 부담스러운 존재여서 딸이 태어나면 영아살해를 많이 해요. 부모에게 부담을 덜어 주려고 결혼 전에 자살하는 여자들도 많고요. 결혼하고 나서도 자살하거나 살해당하는 여자들은 셀 수 없이 많죠. 인도의 다우리 제도는 공식적으로 한 시간에 한 명씩 인도 여자들을 죽게 만든다고 해요. 다우리에 의한 사망·자살 사건만 매년 6천 건 이상이래요. 비공식적으로는 아마도 두 배 이상으로 많을지도 몰라요."

"다우리가 뭔데요?"

"결혼할 때 신부가 신랑한테 결혼 지참금으로 돈을 줘야 하는데 그걸 '다우리'라고 해요. 신랑이 능력 있고 괜찮은 사람일수록 신부는 더 많은 지참금을 줘야 해요. 인도에선 딸을 시집보낼 때 전 재산의 60%를 쓰고 딸 둘만 결혼시키면 집안이 망한다고들 해요. 실제로 딸을 시집보내고 나서 빚더미에 올라앉은 집안도 많고요."

인도의 결혼식 사진

＊용서

"그런 말도 안 되는 게 합법이란 말이죠?"

"아주 오래전에 법적으로 금지시켰지만, 사라지진 않을 거예요."

"그럼 결혼을 안 하면 되겠네요."

"인도에서 결혼은 선택이 아닌 필수예요. 물론 요즘에는 혼인을 거부하는 여자들도 있지만……."

"지참금이 없을 만큼 가난한 집에선, 어차피 하고 싶어도 못하잖아요."

"가난한 집에선 어린 딸을 노친네들의 성적노리개로 사용하라고 후처로 보내는 경우가 많아요. 어린이에게는 늙은 신랑이 요구하는 금액이 적으니까요."

"그렇게 결혼한 어린이들이 얼마나 있을까요?"

"라자스탄 지방의 초등생 이하 여자 어린이의 30% 정도가 이미 결혼한 유부녀라고 들었어요."

"남편들이 노친네라 금방 죽어 버릴 텐데 남편 죽으면 어떻게 살아요?"

"예전에는 사띠라고 해서 남편 죽을 때 같이 태워 죽여 버렸죠. 요즘에는 사띠가 흔하지 않기 때문에 미성년자인 과부들이 많이 살아 있어요. 전에는 남편의 죽음에 대해 아내에게 책임을 묻는 힌두교의 교리 아래 과부들이 모인 아쉬람 같은 곳에서 생활하면서, 예쁜 여자나 어린애들은 매춘을 강요당했죠. 중요한 건 요즘에

도 크게 달라진 게 없다는 거예요. 과부촌에 안 가도 남편을 잡아먹었다는 식으로 사람들에게 말도 안 되는 비난을 받거나 이래저래 과부가 살기는 너무 힘들다보니 남편이 죽으면 자살하거나, 어린애들은 창녀로 팔려가곤 해요."

"정상적으로 연애결혼을 하면 별 문제가 없는 거죠?"

"그렇게 해도 시부모한테 학대를 당하거나 살해당하는 경우가 많아요."

＊용서

"여자를 죽인다고요?"

"네, 여자를 불태워 죽이고 자살로 위장하는 경우가 가장 많죠."

"인도에선 여자를 무슨 물건 취급하는 것 같네요."

"중매결혼만 허용되고 연애결혼이 금지된 도시들도 있는데, 그런 도시들은 40세 이하 여성은 혼자 쇼핑도 할 수 없고, 밖에 핸드폰도 가지고 나가지 못해요. 스카프 없이는 아예 한 발자국도 밖으로 나갈 수 없죠. 그 도시에서 한 여성이 지나가다가 귀여운 강아지에게 먹이를 던져 줘서, 30만원의 벌금형을 선고 받은 적도 있어요. 강아지 주인이 여자보다 카스트가 높았거든요. 강아지도 먹이를 받아먹었다는 죄로 카스트 등급이 하락하는 처벌을 받았고요."

"너무 어이가 없네요."

"벵갈 지역에서는 다른 동네 남자를 좋아했다는 이유로 원로가 한 여성에게 알몸으로 돌아다니는 형벌을 부과해서, 그 여자가 나체로 동네 남자들 사이를 걸어 다닌 적도 있었어요."

"미쳤군요."

"더 심한 경우도 많아요. 다른 동네 남자랑 사귄다고 원로가 집단 성폭행을 하라고 판결해서 온 동네 남자들이 한 여자를 집단 성폭행 당하는 일들도 발생하곤 하는데, 잘 알려지진 않죠."

"말이 안 나오네요."

"남자들은 여자를 무시하고 천대하는 게 당연하다고 생각하기 때문에 성희롱이 인도 남자들한테는 일상적인 일이에요. 지나가는 여자의 가슴이나 엉덩이를 만지는 정도는 별일 아닌 거라서 경찰서 앞에서 그런 일이 생겨도 경찰들은 모른 척할 때가 많아요."

"성폭행 당하면 신고 안 해요?"

"신고를 했다가 경찰한테 성폭행을 당하는 경우도 많고, 일단 신고가 접수가 되면 가해자를 처벌하기보다는 성폭행의 원인을 제공했다는 이유로 여자들은 엄청난 비난을 받아요. 인도에서 일어난 성폭행의 모든 책임은 언제나 여자 탓이니까요. 가족들은 성폭행 당한 딸을 두는 것을 매우 수치스럽게 생각하기 때문에 가족에게 말하지 못하고, 말하면 신고를 하지 못하게 막거나 자살을 권유해요. 인도에서는 강간당한 여자는 결혼도 못하기 때문에 본인이 신고를 꺼려하는 것도 있고요."

"그래도 신고하는 여자들도 있을 거 아니에요?"

"최근에 발생해서 재판을 기다리는 성폭행 사건만 4만 건이 넘는다고 들었어요. 언제까지나 기다리기만 할 뿐 대부분은 재판이 열리긴 힘들 거예요. 정확히 기억은 안 나지만, 신고가 접수된 납치와 성희롱만 25만여 건 정도 된다고도 한 것 같아요. 단지 접수만 했을 뿐이고 처벌은 없을 거예요. 여자 어린이들도 5분에 1명 꼴로 납치돼서 매춘을 위해 팔려간다고 하더라고요. 아마 신고도 안 되고 묻혀 버리는 성폭행 사건은 수백 배는 더 많을 거예요."

"신고해도 처벌이 잘 안 되나 봐요?"

"네. 신고를 해도 경찰에선 접수조차 해주지 않는 게 대부분이고, 어쩌다 접수해서 기소가 되더라도 재판이 몇 년 동안 미뤄질 뿐 남자들은 절대 처벌받지 않죠."

"왜죠?"

"남자들이 성범죄는 범죄가 아니라고 인식하기 때문이에요. 인도 청소년들을 상대로 설문 조사를 했는데, 절반 이상이 결혼한 여자는 맞아야 한다고 생각한다는 결과가 나왔대요. 여자를 때리고 강간하는 남자들은 전혀 죄의식을 느끼지 않아요. 그래서 성폭행이 발생하면 여자만 비난하죠. 그런 남자들에게 소매치기는 범죄일지 몰라도, 여자를 성폭행 하는 건 범죄가 아닌 거예요. 그래서 신고를 받은 경찰들도 성폭행을 하고, 법을 만드는 국회의원들도 성폭행을 취미삼아 하고 다닐 정도예요."

*용서

"경찰이 성폭행을 한다고요?"

"인도 경찰이 저지르는 강간·성폭행 고발 사건만 8만 건이 넘어요! 경찰의 권력이 재판을 지연시켜 처벌받는 일은 없고요. 대부분의 성범죄자들도 뇌물만 제공된다면 재판이 한없이 지연되거나, 재판이 열려도 무죄가 되는 경우가 많죠."

"다들 성욕을 해소할 방법이 제대로 없나 봐요. 성매매가 합법화 되면 성범죄가 줄어들 텐데 말이에요."

"인도는 성매매가 합법이라고 볼 수 있어요."

"정말요?"

"네. 성매매 합법과 성범죄 감소는 아무 상관이 없어요."

"왜요?"

"성욕으로 인해 성범죄가 발생하는 게 아니니까요."

"그럼요?"

"성폭행을 남자들이 성욕을 참지 못해서 저지른다고 착각하면 안 돼요! 성폭행은 단지 여자를 굴복시키고 지배하기 위한 공격적인 행동일 뿐이에요! 인도는 남녀가 평등하다고 생각하는 사회가 아니라 여성의 성이 남성의 통제 아래 놓여 있어야 한다고 생각하는 사회이기 때문에 성폭행이 이렇게 심한 거예요."

"성욕도 전혀 관련이 없진 않을 거예요. 성폭행 중에 강간은 섹스를 포함하고 있고, 성욕을 통제하지 못하는 변태 성욕자들도 분명 있는 거니까요."

"어느 나라건 성폭행으로 여자들이 고통 받는 걸 즐기는 변태들은 성매매 합법화로 조금도 줄어들지 않을 것도 분명하죠. 오히려 합법적인 성매매 때문에 아이들의 성의식이 더 문란해지고 변태로 성장해서 끔찍한 성범죄를 저지르는 거예요!"

"생각해 보면 우리나라도 성적인 열등감이나 다른 여러 가지 원인으로 성범죄를 저지르지 사창가가 없다거나, 그런데 갈 돈이 없어서가 아닌 것 같네요. 인도는 우리나라보다 다른 여러 가지 원인들이 훨씬 많으니까 성폭행 사건이 갈수록 증가하는 것이고요."

"성폭행 사건이 증가한 게 아니에요! 단지 예전보다 신고하는 여성이 많아진 것뿐이에요!"

"여자들이 예전보다 신고를 많이 한다는 것 외에는 달라진 게 없는 거죠?"

"갈수록 더 잔인해져 가는 것 같아요."

"왜 잔인해져 간다고 생각해요?"

"요즘 인도 남자들은 월 100달러도 못 버는 릭샤꾼 같은 저임금직 말고는 일자리가 거의 없어요. 교육수준이 높아도 제대로 된 직장 구하기가 힘든 건 마찬가지고요. 결혼할 여자를 찾는 건 갈수록 힘들어지지, 일자리는 없지, 그러다 보니 알수 없는 분노와 좌절감만 가득한 거죠. 좌절감을 쏟아 낼 대상은 당연히 만만한여자들인 것이고요."

위 사진은 인도 최대의 그룹으로 대우자동차 상용차 부문을 인수한 타타 그룹의 자동차를 몰고 다니며,
직장생활을 하고 있는 요즘의 평범한 여성들의 사진이다.

"인도 청년들의 좌절감이 깊어질수록 성범죄도 잔인해져 간다고요?"

"네, 제 생각은 그래요. 예전에는 남자들이 여자가 잘 나가는 걸 본 적이 거의 없었지만, 요즘 인도 여자들은 많이 배우고 똑똑해서 성공하는 경우가 많아요. 그래서 좌절감에 빠져 있는 남자들은 자신보다 잘나가는 여자들을 보면 분노를참을 수가 없는 거죠. 당신 말처럼 예쁜 여자를 보면 참을 수 없는 성욕도 생기겠

*용서

지만, 성욕 때문이라기보다는 여자들을 굴복시키기 위해서 강간하고, 강간 이후에도 좌절감과 분노를 담아서 몹시 잔인하게 폭행한다고 생각해요."

"그런 이유로 갈수록 성범죄가 잔인해져 가고 있다는 당신 말대로라면, 조만간 전 세계가 충격 받을 만큼 잔인한 성범죄가 발생할 수도 있겠네요?"

"그렇게 되면, 수많은 국민들이 거리로 나와서 시위를 할거예요."

"남자는 당연히 단 한 명도 참여를 안 하겠죠?"

"아뇨, 남자들도 많을 거예요. 모든 남자들이 다 똑같은 건 아니라서, 성범죄자들의 처벌을 원하는 남자들이나 피해자 가족들도 분명 있을 테니까요."

"그렇게 하면 좀 나아질까요?"

"당장 성범죄가 줄어들지는 않더라도, 성범죄에 대한 인식이 바뀌는 계기가 되거나 처벌이 좀 더 강화될 수 있을 거라 믿어요. 시간이 많이 걸리겠지만, 인식이 바뀌고 처벌이 강화될수록 성범죄도 조금씩 줄어들지 않을까 싶어요."

"성폭행 문제에 관심이 정말 많으신가 봐요?"

"일단 저도 여자고, 제가 하려는 일과 관련이 있어서요."

PART 23

뉴스

며칠 뒤 우연히 신문을 봤다. 24세 일본 여성이 납치돼서 성폭행 당할 뻔했지만, 다행히 큰일은 없었고, 범인들은 현장에서 붙잡혀 경찰의 조사를 받고 있다는 짤막한 기사였다. 그 일본 여성은 분명 '사토미'였다.

그리고 한 달 후 인도 버스에서 23세 인도 여대생이 집단 성폭행 당했다는 뉴스를 봤다. 그녀는 애인과 영화를 본 후 버스에 탔다가 6명의 남성에게 집단으로 구타와 강간을 당하고 남자친구와 함께 알몸으로 버려졌다. 6명의 남성은 그녀를 알몸으로 만든 후에 팔다리를 붙잡고 꼼짝 못하게 만든 후 서로 번갈아가며, 붉게 녹이 슬어 있는 울퉁불퉁하고 굵은 쇠파이프로 그녀의 성기에 넣었다 뺐다를 반복했다고 한다. 더러운 쇠파이프가 그녀의 성기를 통해 몸속으로 너무 깊게 들어가 그녀의 내장은 다 파열되었다. 녹이 슨 쇠파이프에 의해 감염된 장기와 생식기를 드러내는 수술을 받은 그녀는 싱가포르 병원으로 옮겨졌으나 끝내 숨졌다.

*용서

그 사건이 알려지고 전 세계가 큰 충격을 받았다. 그녀는 미국 정부가 매년 시상하는 '용기 있는 세계 여성' 수상자로 뽑혔고 인도에서는 전국에서 광범위한 항의 시위가 열렸다. 인도를 여행하는 여성 관광객은 35%나 급감했다. 호텔 로비에서 대화했었던 인도 여자의 예언이 맞아 떨어진 것이다.

경찰국장이 사태를 수습하기 위해 뉴스에 나와서 이렇게 말했다.

"여자들만 성폭행 당하는 거 아닙니다. 남자들도 소매치기를 당할 위험이 있습니다."

시위가 계속되는 가운데 또다시 버스 집단 성폭행 사건이 발생했다. 버스기사가 다른 손님들은 다 내리게 하면서 여자 한 명만 못 내리게 막은 뒤 남자 승객 6명과 함께 집단 성폭행했다는 내용이었다.

며칠 뒤에는 한국 여자가 인도에서 강간당했다는 기사가 올라왔다. 23살의 한국인 A양은 자신이 예약한 리조트에서 리조트 사장의 아들이 친절하게 사파리 프로그램을 설명해 주기에 사파리를 함께 갔다. 사파리가 끝나고 그가 건넨 맥주를 마신 A양은 정신을 잃고 쓰러졌다. 그리고 끔찍하게 강간을 당했다. 인터넷 기사

의 수많은 댓글들을 보니 대부분의 한국 남자들은 나라 망신이라며 강간당한 A양만을 비난했다. 인도 남자들이 항상 그렇듯 우리나라 남자들도 모든 강간의 책임은 A양에게 있다며 욕설을 퍼부어 댔다. 심지어는 여자들에게는 여권 발급도 해주면 안 된다고 주장하는 남자들도 있었다.

일주일 뒤 23살의 중국 여자가 인도에서 성폭행 당했다는 기사를 봤다. 강간당한 A양만 비난했던 우리나라와는 다르게 중국은 강하게 분노했다고 적혀 있었다.

15세 영국인 소녀의 강간 살해사건에 대한 기사도 같이 있었다. 인도 남자가 건넨 음료수를 받아 마신 후 정신을 잃은 영국인 소녀는 강간과 폭행을 당한 후 옷이 벗겨진 채로 죽어서 발견되었다. 재판은 5년이 지나도 제대로 진행되지 않고 범인들은 풀려났다. 범인들이 처벌 받기를 바랐던 영국인 소녀의 부모는 절망했다는 내용의 기사였다.

인도의 성폭행 사건은 멈추지 않았다. 인도를 여행 중이던 스위스인 부부 앞에 괴한 8명이 나타나 남편을 막대로 때리고 손발을 묶은 후 남편이 지켜보는 앞에서 여성을 집단 성폭행하는 사건도 발생했다.
이후에도 아일랜드인 여성과 이스라엘 여성이 성폭행 당했고, 미국인 여성도 집단 강간을 당했다.

인도에서 가장 안전한 도시 뭄바이에서도 20대 초반의 여기자가 남성 동료가 보는 앞에서 집단 성폭행을 당하는 사건도 발생했고, 인도에서 한국인 고아원장이 원생을 성폭행한 충격적인 사건도 보도됐다.

누군가는 성폭행 사건이 발생하면 "피해여성은 강간한 남자와 결혼하면 된다."라는 간단한 해법을 아무렇지 않게 제시했고, 사태가 심각해지자 인도 경찰 총수가 공식 기자회견에 나와서 "강간을 피할 수 없으면, 차라리 즐기는 것이 낫다."라고 발언하기도 했다.

*용서

버스 집단 성폭행 사건 발생 1년 후, 인도는 어떻게 되었을까? 안타깝게도 성폭행 사건은 이전보다 두 배 이상 늘어났고, 충격적인 사건들도 계속 발생하고 있었다.

친구들과 함께 관광하던 21살 여자는 납치되어 3명에게 성폭행을 당했다. 성폭행 직후 밖으로 도망 나온 여자는 지나가던 7명의 남자들에게 또다시 집단 성폭행을 당했다.

16살 여자가 6명의 이웃집 남자들에게 집단 성폭행을 당해서 임신을 했다. 경찰에 고소를 해도 가해자들은 아무런 처벌도 받지 않았다. 고소를 했다는 이유로 그들은 여자를 또다시 집단 성폭행한 후에 불태워서 죽여 버렸다. 경찰은 소녀가 그냥 자살한 것이라고 발표했고, 소녀의 가족들은 경찰이 소녀를 불태운 것이라고 주장했다.

경찰에 신고하러 온 여고생을 경찰들이 집단 강간했다. 이후 경찰들은 학교 교문 앞에서 기다리며, 총으로 위협하여 두 달 넘게 여고생을 경찰서에서 집단 강간했다. 여고생은 결국 자살을 시도했다.

집단 성폭행을 당한 17세 여자가 고소를 하자 경찰은 고소를 취하하고, 가해자 중 한 명과 결혼하라고 강요했다. 고소를 취하하지 않자 경찰은 소녀를 성폭행했고 결국 여자는 자살했다.

외국인 성폭행 사건도 계속 발생했다.

자녀와 함께 택시에 탔던 폴란드 여성은 택시기사에게 딸 앞에서 수차례 강간당하고, 차 밖으로 버려졌다.

4일 후 기차를 타고 이동하던 독일 여성은 많은 사람들이 타고 있는 달리는 기차 안에서 강간을 당했다.

5일 후 호텔로 가는 길을 묻던 덴마크 여성도 집단 강간을 당했다.

외국 여자들은 기차를 타도, 택시를 타도, 호텔 앞에서 길을 물어도 강간을 당했다. 혼자 다니기 두려운 여자들이 남자 여행자와 함께 다니다가 남자 여행자에게 성폭행을 당하는 사건도 발생했다.

인도는 한해 평균 1억 명 이상의 여성들이 인신매매되는 여자가 살기에 가장 위험한 나라로 선정된 국가다. 현재 사건 · 사고가 가장 많이 발생한다는 여행경보 1단계인 여행유의 단계로 지정되었으며, 일부 지역은 2단계인 여행자제와 3단계인 여행제한 지역으로 지정되었다.

*용서

하지만 난 여자가 혼자 돌아다니지만 않는다면, 별다른 위험이 없는 나라가 인도라고 생각한다. 옷도 얌전하게 입고, 모르는 사람이 주는 거 안 먹고, 안 마시고, 히치하이킹은 절대로 시도하지 말고, 길을 물어보거나 할 때도 여자한테만 물어보는 등 조금만 주의한다면, 여자 혼자서도 안전하게 여행할 수 있다. 너무 방심하고 다니는 것도 문제지만, 너무 걱정하는 것도 문제다. 인도는 그렇게 안전하다고 볼 수는 없지만, 위험하다고 볼 수도 없는 나라다. 유명하지 않은 도시는 가급적 피하고, 여행자들이 많이 모여 있는 곳에서 조심히 생활하면 된다. 여행자들도 없는 장소를 밤늦게 다니면 혼자가 아니라, 여러 명이 다녀도 사고가 날 수밖에 없다. 세상 어느 나라든 밤늦게 사람들이 잘 다니지 않는 장소를 돌아다니면서, 사고가 나지 않기를 바랄 수 없다. 인도에서 안 좋은 사건이 많이 발생했다고 해서 인도는 위험한 나라이니 여행 가면 안 되겠다고 말하면 안 된다. 어떻게 여행하느냐에 따라서 세상에서 가장 안전하게 느껴질 수도 있는 나라가 인도라고 생각한다.

어찌 되었건 본인만 즐겁게 여행한다면 그 나라가 최고인거다. 무슨 사건들이 일어났건 난 여전히 인도가 세상에서 제일 좋고, 인도에서 살고 싶다. 인도는 더럽고 위험하니 가지 말아야겠다고 말하는 사람들도 종종 있다. 그들 말처럼 더러운 곳도 물론 있지만, 인도에는 너무 깨끗하고 눈부시게 아름다운 곳들이 더 많다. 사고를 당한 사람들보다는 안전하게 여행을 다녀온 사람들이 훨씬 더 많다. 인도에서 발생한 일부 사건들만 가지고 확대해석해서 위험한 나라로 단정 짓지 말았으면 좋겠다. 그렇게 따지면 지구상에 안전한 나라는 어디에도 없으니 말이다.

착한 여자

'사띠'는 '착한 여자'라는 뜻으로, 남편이 죽으면 아내가 따라서 같이 죽어야만 하는 인도의 오래된 풍습이다. 남편이 죽으면 장작더미 위에 남자의 시신을 올려 둔다. 그 남자의 아내는 많은 사람들이 지켜보는 가운데 사다리를 타고 장작더미 위에 올라가 남편의 머리를 자신의 무릎 위에 얹는다. 마음의 준비를 한 후에 손가락으로 불을 질러도 좋다는 OK 사인을 보낸다. 자신이 낳은 아이들이 사인을 받으면 고개를 끄덕이며 횃불을 들고 장작더미 앞으로 간다.

"살아계신 우리 엄마 잘 참고 기쁜 마음으로 활활 타오르소서~ ♪
예쁘게 타올라 연기가 되어 저 하늘로 올라가 아름다운 여신이 되소서~ ♪

바라나시 버닝가트에서 시신을 태우는 모습

저 높은 하늘나라에서 부디 행복하게 사소서~ ♪ "
아이들은 사띠가 시작되기 며칠 전부터 연습했던 아름다운 노래를 부르면서, 엄마를 태워 죽이기 위해 장작에 불을 붙인다.

장작이 타오르며 여인의 옷부터 타기 시작한다. 옷이 모두 불타면 나체가 되어 버린 여인의 피부가 불타기 시작한다. 태연하게 죽음을 받아들이려던 여인은 결국 뜨거움을 참지 못하고 비명을 지른다. 너무 아파서 불타는 몸으로 장작에서 뛰어내려 버린다. 여인은 근처의 강물을 향해 뛰어들고 만다. 여인이 강물에 뛰어들기 전까지 지켜보던 일가친척들과 수많은 관람객들은 자신이 화상을 입을까 두려운 건지 여인을 건드리지 못한다.

그렇게 강물에 뛰어든 여인을 끄집어내어 정신이 들 때까지 기다려 준다. 다시 불구덩이에 올라가면 몸뚱이가 다 탈 때까지 잘 견딜 수 있을 거라고 가족들이 격려를 해준다.

"조금만 잘 견디어 내면 하늘로 올라가 여신이 될 수 있어!"
"힘내! 넌 할 수 있어!"

사람들의 따뜻한 격려와 위로를 받고 마음을 안정시킨 여인은 다시 사다리를 타고 불타는 장작 위로 올라가서 태우던 몸을 마저 다 태우기 시작한다. 여인의 피부가 불에 녹아 흐르고 뼈가 드러나기 시작한다. 얼굴이 반쯤 녹아서 피부가 흘러내린다. 그렇게 그대로 정신을 잃고 쓰러져 타 버리면 좋으련만, 정신이 나가 버린 여인은 비명을 지르면서 다시 불구덩이에서 뛰어내린다. 가족과 일가친척들은 여인이 좀 더 안정을 취하게 한 후에 다시 올라가서 타죽도록 배려를 아끼지 않는다. 만약 사다리를 타고 다시 올라가기 힘들다고 판단되면, 여인을 들어서 불구덩이에 던져 주는 도움을 아끼지 않는다.

가끔은 사띠 도중에 너무 아파서 사띠 자체를 거부하고 도망가려는 경우가 있다.

이때는 가족과 일가친척들은 어쩔 수 없이 도망가는 여인을 붙잡아 기절시킨 후 불구덩이에 던지거나 무력을 사용해 휘발유를 여성의 몸에 들이 부은 후 불구덩이에 산 채로 던져서 사띠를 끝내야 한다. 그런 식으로 조금 전까지 건강하게 살아 있던 여인은 한 줌의 재가 되어, 더 이상 이 세계에 존재하지 않는 인간이 되어 버린다.

산채로 사람을 태워 죽이는 사띠는 돈 많은 집안에 시집간 여자들에게만 해당되는 풍습이다. 돈 많은 남자가 죽었을 때 부인이 살아 있다면 여자가 남자의 재산을 가지고 다른 남자에게 갈 수가 있기 때문에, 과부의 상속권 박탈 제도로는 안심을 못했던 남자들이 과부가 된 여자에게는 가문을 위해 죽어 달라고 강요하였다. 사띠는 단지 돈 문제 때문에 만들어진 풍습이지만, 종교의 옷을 입혀 남편 따라 같이 죽는 여자는 여신이 된다는 말로 여자를 산 채로 태워 죽일 수 있는 명분을 만들어 냈다.

남편의 재산이 많지 않은 집안에서는 사띠라는 풍습이 행해진 적이 없고, 오직 있는 집안 남자의 부인에게만 해당되는 풍습이었다. 이후 여신이 된다는 등의 말에 자발적으로 사띠를 하고 싶어 하는 여성들이 많아졌고, 1817년 벵갈 지방에서만 무려 708명의 여인이 자발적으로 사띠를 했다. 1987년 자이쁘르에서 부잣집 남자와 결혼한 18세 어린 소녀는 결혼한 지 6달 만에 남편이 죽자 수백 명의 군중들이 지켜보는 가운데 여신이 된다는 말을 믿고 나체로 불구덩이에 몸을 던진 일도 있었다. 2006년 마드야 프라데시주(州)의 마을에서는 한 달 동안 두 번의 사띠가 여인에 의해 자발적으로 행해진 걸로 알려져 있다. 현재 사띠가 불법이라고 해서 사라진 것은 아니다. 사띠는 여전히 멈추지 않고 시골 마을 어딘가에서 행해지고 있다.

PART 24 위로

대화 도중 인도 여자의 전화벨이 울렸고, 전화를 받으며 자리에서 일어난 인도 여자는 손을 흔들며 밖으로 나갔다. 인도 여자가 사라지자 그녀가 나에게 말했다.

"테리야, 오늘 내 방에서 자고 가. 난 아무에게나 이러지 않아. 네가 편하고 좋으니까 함께 있기를 원하는 거야. 오늘은 정말 혼자 있기 싫어서 그래."

나는 그녀가 보관해 둔 짐을 그녀의 방으로 옮겨 둔 후 함께 저녁을 먹었다. 그리곤 물과 음료를 사서 호텔로 돌아왔다. 바라나시에서 이 정도의 호텔이면 아주 좋은 편이다.

샤워를 하고 침대에 누워 사토에게 말했다.

"네가 갑자기 사라졌다고 생각하니까 복잡한 바라나시 가트들이 한순간에 텅 비어 버린 것처럼 공허함이 밀려 왔어. 네가 그리워지더라."

"테리야, 날 사랑하니?"

"그러는 넌 날 사랑하니?"

"나도 널 사랑하는 건 아니야. 뭐랄까, 그냥 너한테 위로받고 사랑받고 싶은 마음 같은 거야."

"내가 널 사랑하는 것 같아?"

"네가 날 사랑하지 않는다면, 내가 사라져서 어떻게 되든 상관없었을 거야. 하지만 넌 밤늦게까지 나를 걱정하며 기다렸잖아."

"너한테 할 말이 있었는데, 못하게 되는 줄 알고 그랬던 거야."

"무슨 말인지는 잘 모르겠지만, 지금은 그냥 가벼운 위로 정도만 해줄 수 없을까?"

"널 용서했다는 말이 하고 싶었어."

"용서라는 말이 어떤 의미에서는 한없이 부자연스럽게 느껴져."

"내가 널 용서한다는 게 부자연스럽게 느껴져?"

"그런 게 아니라 용서라는 게 어떤 의미에서는 더 큰 고통일지도 모른단 생각이 들어. 용서라는 것도 결국은 불행한 일을 겪고도 참는 것뿐이잖아."

"단순히 참기만 하는 거라면 용서는 의미가 없지. 용서가 고통일 수도 있다면, 내가 널 용서하는 일도 없었을 거야."

"넌 나에 대한 나쁜 기억들은 모두 잊었니?"

"아니, 내가 바보야? 그걸 어떻게 잊어!"

"잊을 수 없는데, 어떻게 용서할 수 있다는 거야? 나쁜 기억들 전부 다 깔끔하게 지워 버려. 용서할 거라면 더 이상 쓸모없는 기억일 뿐이잖아."

＊용서

"네가 만들어 준 나쁜 기억들은 조금도 지우고 싶지 않아. 그게 내가 널 만나서 용서했단 증거니까. 그 기억들을 지운다면, 나중에 내가 뭘 용서한 건지도 모르게 되잖아."

"하지만 그 기억들이 떠오를 때마다 아플 수도 있잖아."

"아니 그런 일은 없을 거야. 그 기억을 다른 사람들의 즐거움으로 만들어 볼 생각이니까."

"어떻게?"

"사람들한테 가끔 돈 털리고 사기당한 이야기 같은 거 하면 재미있어 하더라고. 내가 너 때문에 겪은 고통을 글로 옮겨서 사람들이 읽으면 재미있어 하지 않을까 싶어서. 내 고통이 클수록 다른 사람들의 즐거움은 커지는 법이니까."

"지금 이야기를 책으로 써 보겠다는 거야?"

"내가 경험한 것 이상의 글을 쓴다는 건 나한테는 절대 불가능한 일이야. 하지만 널 만난 것도, 또 너에게 오늘 듣게 된 이야기도, 현실 속에서 쉽게 느끼고 경험하기 힘든 소재인 것 같아서……."

"글 잘 쓰니?"

"아니. 재미있게 쓸 자신은 없지만, 그냥 내가 경험하고 들은 이야기들을 일기 쓰는 것처럼 정리하는 건 쉽지 않나 싶어서. 이런 이야기는 소설이라고 해도 사람들이 믿을 거야! 분명 누군가에게는 내 이야기가 좋은 정보가 될 수도 있는 거니깐."

"난 너처럼 나쁜 기억을 타인의 즐거움으로 만들고 싶진 않아. 그냥 그런 일이 없었던 것처럼 깔끔하게 지워 버리고 싶어. 나를 강간하려고 했던 놈들은 적당히 둘러대면서 나한테 한 짓을 합리화시키고 잊어버리면 그만일지 몰라도, 나는 그 일을 절대로 잊지 못할 거야. 그 기억들은 내가 치매에 걸리거나 죽기 전까지는 사라지지 않을 거야. 나를 계속 따라 다니면서 내가 생각하면 할수록 점점 더 생생해질 거야."

"넌 그놈들을 용서할 수 없을 거야. 지금은 분노할 때가 맞아. 그러다 분노가 한계점에 도달하면 너의 몸과 마음이 더 이상 견딜 수 없게 될 거야. 그때가 오면 용서하기 싫든 좋든 간에 넌 용서를 해야만 할지도 몰라."

"한계점?"

"용서에도 때가 있는 것 같아. 다신 널 못 보게 될 줄 알고 용서할 때를 놓쳤다고 생각하니까 살짝 힘들었어. 근데 다시 널 만나서 용서한다고 말하니까 마음이 정말 편하다. 난 지금 널 용서하지만, 넌 지금 그놈들을 용서하면 안 돼. 아직은 한 계점에 도달하려면 멀었으니까. 그리고 그놈들은 용서할 가치도 없고, 지금 너한테 용서받고 싶어 하지도 않을 거야."

"맞아. 세상에는 용서받지 못할 사람들도 분명 있는 거니깐. 어쩌면 내가 너한테 그런 사람이었을지도 모르겠다."

"넌 용서받을 자격이 있는 사람으로 변했고, 그런 너를 용서하게 돼서 정말 기뻐."

"우리 사이에 용서는 있었지만, 사랑은 없었다는 게 조금 아쉽긴 하다. 그래도 네가 날 용서해 줘서 정말 기쁘고 고마워."

"난 네가 진심으로 행복해지기를 원해. 근데 너의 마음이 그 창고 안에 갇혀 있게 되면, 너의 몸은 창고 안에서 실제로 당하지 않았던 폭행을 계속 당하면서 망가져 갈 거야. 그 폭력은 너의 선택에 의해서 발생하는 폭력인 거야. 너도 때가 되면 창고 문을 열고 도망쳐 나와야 돼. 그래야 네가 살 수 있어."

"지금 그놈들에게 필요한 건 용서가 아니라 처벌이야."

"용서가 때론 고통 받기를 바라면서 상처를 준 사람들에게는 잔인한 복수가 될 수도 있지 않을까?"

＊용서

"그놈들은 내가 고통 받기를 원했는데 내가 한없이 평화로운 모습을 보이는 게 복수라면, 그것보단 그들을 찾아가서 찔러 죽이는 복수가 더 쉬울 거야."

"그놈들은 죽어 마땅한 놈들이야! 그놈들은 반드시 처벌 받아야 돼! 그놈들이 교도소에서 처벌 받게 된다면, 그때부턴 네가 가벼운 마음으로 다시 행복해졌으면 좋겠어. 용서라는 건 분노와 고통으로 인해 너의 몸과 마음이 파괴되고 있는 걸 멈추고 치유를 시작하겠다는 거래! 파괴가 계속 진행되면, 넌 결국 건강뿐만 아니라 모든 걸 잃게 될 거야! 그놈들로 인해 넌 충분히 많은 피해를 봤잖아. 더 이상의 피해가 없도록 하는 건 너의 선택이야! 계속해서 더 많은 피해를 입어 가며, 고통 속에서 모든 걸 잃고 싶지 않다면, 용서할 수 없어도 용서를 해야만 하는 건지도 몰라."

"날 용서해 주려고 많은 생각을 했구나."

"짝퉁 사두 땜에 정말 고민 많이 했어. 난 용서라는 경험을 통해 더 성장하기 위해서, 너라는 존재를 필요로 했던 게 아닌가 싶어서 네가 몹시 고마워졌어! 무엇보다 무사하게 다시 돌아와 줘서 정말 기쁘다."

"날 용서하니까 행복하니?"

"내가 널 용서해서 행복하다면, 그건 네가 나에게 고통을 주었기 때문이야. 네가 고통을 주었기 때문에 행복할 수 있는 거고, 지금 행복하기 때문에 고통스러웠던 거야."

"그게 무슨 말이야?"라고 말하며 그녀는 눈을 감고 내 어깨에 머리를 대고선 곧바로 깊은 잠 속으로 빠져들어 갔다. 그녀의 규칙적인 숨소리들이 나의 온몸으로 전달된다. 힘든 하루를 보냈을 그녀의 고요한 숨소리들이 내 귀에는 아프게 전달되었다. 아픔이란 잠든 사람에게서도 느껴지는 건가보다. 숨소리에 섞인 아픔이 귀에 들릴 정도로 말이다.

내가 원할 때마다 그녀가 나의 어깨에 머리를 기대고 잠들어 있다면 얼마나 좋을까 하는 생각이 들만큼 나는 그녀의 숨소리가 좋았다. 그녀를 만나고 느꼈던 분노와 복수심은 이미 내 안에서 모두 사라지고 알 수 없는 평온함이 내 안을 가득 채웠다. 그 평온함 속에는 분명 약간의 사랑이 깃들어 있는 게 느껴졌다. 내가 가진 평온함으로 그녀의 아픔과 상처들을 달래 주고 싶었다.

*용서

PART 25

작별

우린 일어나서 아침을 먹고 가트로 나갔다. 바라나시의 혼란과 더러움이 갈수록 너무 익숙하고 편안해져 간다. 가트에서 연인의 모습을 보았다. 바라나시의 이런 풍경이, 나는 정말 좋았다.

누구나 자기 자신도 알지 못하는 치명적인 매력 한두 개쯤은 가지고 있다. 그 매력을 발견한 사람은 벗어나기 힘들 만큼 깊은 사랑에 빠지게 된다. 위 사진 속의 여자가 반한 남자의 매력은 반짝거리며 빛나는 대머리였고, 내가 빠져든 바라나시의 매력은 묘한 혼란과 더러움이었다.

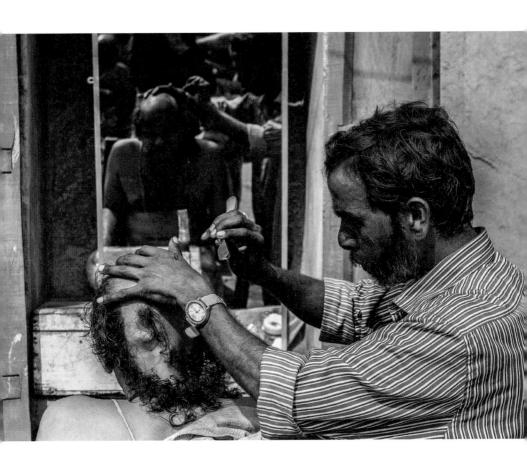

가트를 거닐다 이발사가 머리를 밀고 있는 모습을 보았다. 부모가 죽으면 장손이나 그에 버금가는 부계의 친족은 상주가 되어 머리 뒤쪽에 한 타래의 머리카락만을 남긴 채 삭발하고 수염도 모두 깎는다. 상주를 비롯하여 모든 형제들이 머리를 깎기도 하지만, 요즘은 이런저런 이유로 삭발을 거부하기 때문에 대부분 상주만 삭발하는 추세라고 한다.

＊용서

화장터를 지나칠 때 사토는 "공기 중에 떠돌고 있는 망자들의 낯선 기억들이 호흡을 통해 내 몸으로 들어오는 것 같아."라는 의미를 알 수 없는 말을 했다. 화장하는 사진을 찍으면 돈이라도 뜯어내려는지 주변의 인도인들이 날카로운 눈빛으로 내 행동을 관찰하고 있는 게 느껴졌다. 물론 사전에 가격을 협상하면 시신이 불타고 있는 화장터를 마음껏 찍을 수도 있었지만, 그렇게까지 찍고 싶은 풍경은 아니었다.

예전에 이런 말을 들은 적이 있다.

"바라나시는 한국 돈으로 5만 원 정도만 주면 사람을 죽여준다고 하는 곳이야. 여행자들의 실종사건이 가장 많이 일어나는 곳이지. 만약 현지인의 집에 초대를 받아서 가는 경우엔 절대로 중요한 건 가져가면 안 돼. 그랬다간 새벽에 무거운 돌에 묶인 채로 갠지스 강에 그대로 수장 되는 수가 있거든. 갠지스 강에는 시신을 뜯어 먹고 사는 거대한 물고기들이 살고 있어서 수장되면 하루도 안 되어 형체를 알아볼 수 없게 돼 버려."

*용서

바라나시에 가 보기 전엔 그런 말들을 정말로 믿었다. 하지만 지금은 잘 모르겠다. 사람들은 언제나 진실보단 거짓을 말하는 경우가 많고, 진실도 과장된 진실을 더 많이 말한다. 듣는 사람에 따라서 같은 이야기를 다르게 하기도 하며, 비밀을 말하더라도 정말 중요한 건 쉽게 말하지 않는다. 누구의 입에서 나온 말이든 그 말을 완전히 믿는 사람은 바보가 된다. 사람의 말이라는 건 쉽게 믿고 기대할게 못 된다. 한순간에 사람을 지옥으로 보낼 수도 있고 천국으로 보낼 수도 있을만큼 값지고 중요한 게 말인데, 여행을 할수록 사람의 말이라는 게 저렴해져 가는 느낌이다.

가트에는 죽음을 기다리는 자들이 있다. 병에 걸리거나 아파서 곧 죽을 사람들이 누워서 기다리는 집이 따로 있기도 하지만, 멀쩡한 사람이 죽음을 기다리기도 한다. 죽을 날만을 기다리며 시간을 낭비하는 듯 보이지만, 그들에게 시간이라는 건 조금도 중요한 문제가 아니었다. 죽는 것에 비해 산다는 건 더 이상 그들이 관심을 가질 만큼 가치 있는 일도 아니었다.

가트를 둘러본 후 우리는 만수네 짜이집에서 짜이를 한 잔 마셨다.

사토는 짜이를 마시며 만수의 오래된 자전거를 유심히 쳐다봤다.

우리는 릭샤를 타고 베레나스 힌두대학교 미술관에 갔다. 나름 창의적인 그림들도 많았고, 그림을 따라 그리고 있는 대학생들도 보였다.

해질 무렵에는 다시 가트로 돌아와 미리 예약해 둔 철수의 보트를 탔다. 항상 많은 사람들이 타는 철수의 보트에는 무슨 일인지 우리 둘 말고는 손님이 없었다.

철수는 사토미가 일본인이라는 걸 알고는, 유창한 한국어 대신 영어로 설명을 하기 시작했다.

"바라나시란 이름은 바루나 강과 아시 강 사이에 있어서 붙게 된 지명이에요. 북쪽의 바룬가트와 남쪽의 아시가트 사이에 80여 개의 가트가 생겨났어요."
"화장터의 장작 값은 15,000~35,000루피 정도예요. 가난한 사람들은 모래밭에서 화장을 해요. 장작을 조금밖에 살 수 없는 사람들은 불에 살짝만 익혀서 강에다 던져 버려요. 불로 태워 줄 사람이 없는 사제들이나 어린이들, 임신한 여자, 코브라에 물려 죽은 사람, 사두, 구루, 전염병이나 사고로 죽은 사람, 죽은 동물들은 강에다 수장시켜요. 우기에는 시체들이 떠올라서 개들이 와서 뜯어 먹기도 해요."

매번 보트를 탈 때마다 하는 똑같은 이야기들이지만, 들을 때마다 조금씩 다르게 느껴진다.

*용서

갠지스 강에 화장한 재를 뿌리면 윤회에서 풀려난다고 믿었던 사람들은 죽어서 불타고 있고, 갠지스 강물로 목욕을 하면 죄가 씻겨 나간다고 믿는 사람들은 목욕을 하고 있다. 물을 마시거나 약수통에 받아 가는 사람들도 보인다. 타다 남은 시신들과 쓰레기들이 둥둥 떠다니는 강의 하류에서는 물을 길어 밥을 하고 있다.

아르티 푸자(Arti Pooja)

해가 떨어진 갠지스 강의 메인가트에는 강가 여신에게 바치는 제사인 아르티 푸자(Arti Pooja)를 보기 위해 언제나 많은 사람들이 모여 있다. 젊은 힌두교 사제들(브라만 사제가 아닌 네팔에서 데려온 아르바이트생들)이 음악에 맞춰 밝은 횃불을 들고 일정한 동작으로 몸을 움직인다. 아르티 푸자가 진행 중이던 바라나시의 가트에서는 폭발물 테러가 발생해 외국인 관광객 등 27명의 사상자가 발생하기도 했다.

사토는 몹시 신기하다는 듯이 푸자를 지켜보며 사진을 찍어 댔다.

"푸자는 여기서 매일 하는 건데, 혹시 푸자 처음 보니?"
"오늘은 좀 특별해 보여서……."
"뭐가?"

＊용서

"어제 창고에 갇혀 있을 때 이제 다시는 테리도 못 만나고, 가트에도 올 수 없게 될 줄 알았어. 너도 자주 봤던 똑같은 푸자의 모습이겠지만, 두 번 다시 볼 수 없다고 생각하고 보면 조금 달라보일거야."

보트에서 내리니 여자 아이가 디아(Dia)를 사라며 다가온다.

"예쁘네. 얼마야?"
"20루피."
"비싸! 안 살래."
"두 개 20루피!"
"음…… 역시 이런 건 필요 없어."
"소원을 빌며 강에 띄워 보내면 소원이 이루어질 거예요. 두 개에 10루피에 줄게요."
"안 그래도 꼭 필요해서 사려고 했어. 두 개 줘."
나는 꽃잎 위에 양초를 얹은 손바닥만 한 접시인 디아(Dia)를 두 개 구입했다.

사토와 나는 소원을 빌면서 디아를 띄워 보냈다.
며칠 후 사토는 기차표가 없어서 추가요금을 내고 딱깔(Takkal)을 구해 리쉬케쉬로 떠났다.

＊용서

같은 날 나는 사토를 따라 리시케쉬로 가는 대신, 델리로 가는 비행기를 타기 위해 바라나시 공항으로 갔다. 나는 공항의 보안 검색대에서 플래시가 장착된 라이터가 걸렸다. 인도는 기내 라이터 반입이 금지되어 있다. 라이터를 꺼내라는 그들에게 플래시를 켜 보이며, 라이트라고 했더니 그냥 가라며 통과시켰다.

비행기가 출발하고 바라나시의 더러움과 혼란스러움이 멀어져 갔다. 사토와의 기억도, 사두와의 대화도 멀어져 가고 있었다. 조금씩 멀어져 가고 있는 바라나시에서의 기억과 이야기들을 일기장을 꺼내 간단하게 기록했다.

보름이 지나고 사토에게서 메일이 왔다.

"나 자신을 위해서 그들을 용서할 필요는 없는 거야. 용서가 아니어도 충분히 마음의 평화를 찾고 행복해질 수 있어. 그게 뭔지 궁금하다면 빨리 와. 나와 함께 있는 구루를 만나면 너에게도 분명 많은 도움이 될 거야."

나는 사토에게 지금은 갈 수 없지만, 언젠가 또다시 우연처럼 만나게 된다면, 그 땐 함께 여행을 하고 싶다는 답변을 보냈다.

＊용서

무소유

무소유란 무엇인가? 아무것도 가지지 않는 게 진정한 무소유라면 위의 사진 속 아이처럼 팬티 한 장 조차도 소유하지 말아야 한다. 밖에 돌아다닐 때도 홀딱 벗고 맨발로 다녀야 한다.

바라나시 갠지스 강의 소년

바라나시에서 판매중인 엽서들

법정스님은 무소유에 대해 "아무것도 갖지 않을 때 비로소 온 세상을 갖게 된다. 소유한다는 것은 아직도 자기 자신에 대하여 버리지 못한 것이 있다는 것이다. 진정한 무소유는 자기를 사랑하는 데서 비롯된다."라고 말했다.

인도에는 법정스님의 말처럼 아무것도 갖지 않을 때 온 세상을 소유할 수 있다며, 자신의 팬티 한 장 소유하지 않는 극단적인 무소유의 삶을 실천하는 종교가 있다. 내가 그 종교를 처음 접하게 된 건, 바라나시 아씨가트의 한 매장에서 엽서를 통해서다. 몸매도 안 좋으면서 실오라기 하나 걸치지 않은 그들의 나체가 담겨 있는 엽서를 보고는 큰 충격을 받았다. 이런 흉측한 몸매를 하나도 가리지 않고, 불알을 축 늘어뜨린 채 고추를 달랑거리면서 거리를 활보하고 다니는 그들은 분명 노출증이 심한 성도착증 환자들일 거라고 생각했다.

그러나 나의 기대와는 다르게도 그들은 변태가 아니었다. 아름다운 무소유의 삶을 실천하고 있는 자이나교의 신성한 수도승들이었다. 몰랐을 땐 단순한 성도착증 환자들이었으나, 알고 나면 그들에 대한 존경심마저 생긴다. 그래서 인도 자이나교의 나체 수행자들을 '하늘을 입은 사람들'이라고 부른다고 한다.

그들은 철저하게 무소유를 실천하고 있다. 자이나교에서 수도자들은 아무것도 소유하지 말아야 하며, 심지어 옷도 입을 수 없다고 말한다. 그들은 팬티 한 장 입지 않고 벌거벗은 몸으로 수행한다. 자이나교에는 의외로 여성신자들이 상당히 많은데, 그 여성들은 다른 종교인들에 비해 종교적인 만족도가 상당히 높은 것으로 밝혀졌다.

자이나교가 무소유를 강조하며 나체 수행을 하는 종교이므로, 모든 신자들이 나체로 돌아다닐 것이다. 그럼 자이나교인들이 많이 사는 곳이나 자이나교 성지를 방문해 보면, 그곳은 누드 천국일 게 분명하다. 대부분의 힌두사원이나 불교유적지는 양말도 벗고 맨발로 들어가야 한다. 자이나교는 관광객들도 팬티까지 모두 벗고 완전한 알몸으로 들어가야만 할 것이다.

그러나 다행스럽게도 모든 신자들이나 수도승들이 나체로 돌아다닐 수는 없다. 안타깝게도 여성 수도승들은 옷을 벗고 알몸으로 돌아다닐 수 없다. 그녀들은 다 벗은 상태에서 바느질하지 않은 한 겹의 얇은 천으로 온몸을 감아 몸을 가려야 한다. 이 한 겹의 천 때문에 여성들은 해탈을 할 수 없다고 한다. 결국 여성들은 다음 생에 남자로 다시 태어나 나체로 수행해야만 해탈할 수 있다.

자이나교의 젊은 수도승 한 명은 "깨달음을 얻어 해탈을 하는데 남녀차별은 말이 되지 않는다."라는 주장을 했다. "젊고 몸매 좋은 예쁜 여성 수도승들만큼은 예외적으로 다 벗고 나체로 어디든 돌아다녀도 되게 하는 것은 거리의 아름다움과 세계 평화를 위해 반드시 필요하다."라고 말했다가 자이나교에서 영원히 추방당했다.

자이나교와는 전혀 관련이 없지만, 추방당했다는 위의 자이나교 수도승의 말처럼 나체로 다니는 아름다운 여성을 실제로 볼 수 있는 곳이 인도에는 있다. 인도 동부 비하르 주에서는 가뭄이 시작되면 주민들의 투표를 통해 젊고 아름다운 여성을 뽑는다. 선택된 여성은 온 동네 사람들이 다 보는 앞에서 실오라기 하나 걸치지 않은 완전한 알몸으로 노래를 부르며 메마른 밭을 갈아야만 한다. 기우제는 비

가 올 때까지 매일 투표로 진행된다. 아름다운 여성이 알몸으로 밭을 가는 모습을 '날씨의 신'이 보게 되면 흥분해서 비가 쏟아진다고 믿기 때문이다. 이외에도 인도에는 아름다운 여성들이 알몸으로 동네를 돌아다니며 의식을 진행하는 오래된 풍습을 가진 마을들이 몇 개 더 있는데, 모두 자이나교와는 아무런 관련이 없다.

자이나교의 남성 수도승들이 전부 다 벗고 다니는 것은 아니다. 팬티까지 벗고 다니는 건 수행 수준이 가장 높은 수도승들에게만 허용된다. 처음에는 아래 위 모두 입고, 진전되면 아래만 입다가, 수행이 깊어지면 팬티까지 벗게 된다.

아무것도 가지지 않는다는 그들도 유일하게 소유하고 있는 것이 있었다. 양손에 늘 가지고 다니는 빗자루와 물주전자다. 작은 벌레나 미생물이라도 밟을까 두려워 빗자루로 앞을 살살 쓸면서 조심스럽고 천천히 걷는다. 물을 많이 쓰게 되면 눈에 보이지 않는 생명을 죽일 가능성이 있다며 주전자에 들어 있는 물도 아주 조심스럽게 극히 소량만 사용한다.

모든 사람들이 무심결에 무수히 많은 생명체들을 해치며 살아가지만, 우리들만큼은 절대로 작고 사소한 생명체 하나 해치지 않겠다고 말한다. 그래서 그들은 자신의 피를 빨아 먹으러 오는 모기나 바이러스를 옮기는 더러운 벌레조차도 죽이지 않는다.

나체 수행자들은 세 달에 한 번씩 머리털과 겨드랑이, 고추털 등에 '이'같은 벌레나 세균들이 죽지 않도록 조심스럽게 머리카락과 수염을 손으로 직접 한 가닥씩 뽑기 때문에 위의 엽서 사진처럼 고추만 달랑거리고 돌아다닌다고 전부 자이나교 나체 수행자가 아니라, 머리와 고추에 털이 없거나 짧아야만 진짜 자이나교 나체 수행자인지도 모르겠다. 거리의 나체 수행자를 꼭 한 번 만나서 대화해 보고 싶었으나, 아직 만나지 못했기에 자이나교에 대해 많이 알지 못한다. 어쩌면 엽서 속 나체 수행자들은 그냥 사두들인지도 모르겠다.

그들은 하루에 단 한 번만 물을 마시고, 단 한 번만 채소를 먹는다고 한다. 그게 그들이 하루에 먹는 전부다. 양파, 마늘, 생강 같은 뿌리가 있어서 뽑는 과정에 벌레를 해칠 수 있는 채소들도 먹어선 안 된다고 하는데, 그럼 대체 뭘 먹겠다는 건지 모르겠다. 아예 아무것도 안 먹고 단식을 통해 죽음을 맞이하는 의식도 있다. 매년 200명이 넘는 자이나교 신자들이 그렇게 굶어 죽는다고 들었다.

혜민스님은 "무소유는 아무것도 소유하지 않는다는 의미가 아닌, 가지고 있는 것에 대해 집착하지 않는다는 의미이다. 아니다 싶을 때 다 버리고 떠날 수 있어야 진짜 자유인이다. 반대로, 없어서 갈증을 느끼는데도 무소유라는 이름으로 참고 사는 것은 진짜가 아니다."라고 말했다.

맛있는 걸 먹고 싶은 것도 꾹 참고 맛대가리 없는 것만 먹으며, 목말라 죽겠어도 하루에 한 모금의 물만 마시고, 어쩌면 누군가에게 혐오감을 줄 수 있는 고추까지 내놓고 다니는 것은 진정한 무소유가 아닌 듯하다. 자신에게도 이롭지 않고 남들에게도 피해를 끼치는 무소유는 대체 누구를 위한 무소유인가? 자신에게도 이롭고, 타인에게도 이로운, 그래서 모두를 이롭고 아름답게 하는 게 진정한 무소유가 아닌가 생각된다.

9개월 뒤

아름다운 시골의 어느 마을이 유명해지면, 시간이 지나면서 그 아름다움은 사라지고 이전보다 오염되고, 번잡함만 남게 되는 경우가 많다. 하지만 바라나시는 원래 유명했고, 번잡했으며, 더러웠기 때문에 오랜 시간이 지나고 다시 와도 크게 변한 게 없을 거다. 물론 작은 변화들은 아주 많겠지만 말이다.

9개월 뒤, 우기에 다시 돌아온 바라나시도 변한 건 아무것도 없어 보였다. 오랜만에 왔지만, 정말 그만큼의 시간이 지난 건지도 실감이 안 났다. 사토미를 만났던 건 어제의 일처럼 가깝게 느껴지고, 델리에 있었던 어제는 작년처럼 멀게만 느껴졌다. 언제나 불확실한 나의 기억들은 가끔씩 시간적 혼란을 일으키기도 하고, 또 가끔씩은 중요한 기억들을 마음대로 조작해 버리곤 한다.

아침부터 부지런히 가트 주변의 골목길을 청소하고 하고 있는 모습들을 보니, 이전보다 바라나시가 깨끗해진 것처럼 느껴진다. 하지만 아무리 깨끗하게 치워도 더럽기 때문에 바라나시다. 나는 바라나시의 더러움이 익숙하고 편하다. 그래서 바라나시가 좋다.

나는 바라나시의 더러움에 익숙해져 가면서 바라나시의 매력들이 조금씩 보였던 것 같다. 갑자기 어두워지면 아무것도 보이지 않다가, 조금씩 어둠에 익숙해져 가면서 무언가 보이기 시작하는 것처럼 말이다. 더러움에 익숙해지기 힘들다면, 몇 번을 다시 와도 바라나시를 있는 그대로 볼 수 없고, 눈에 보이는 대로만 볼 수 있을 뿐인지도 모른다.

도착하자마자 목이 말라서 사 마셨던 망고 주스를 길가에 아무렇게나 던져 버렸다. 처음에는 쓰레기를 아무데나 집어던지는 게 어색했는데, 지금은 그런 게 편하고 익숙하다. 인도인들은 언제나 쓰레기를 아무데나 던져 버린다. 그래서 나도 똑같이 따라한다. 바라나시의 갠지스 강물이 가장 신성하고 깨끗한 물이라고 말하는 이들은 그 물을 깨끗하게 관리하기보단, 더욱 심각하게 오염시키고만 있다. 그들은 길거리가 더럽고, 강물이 더럽더라도 마음만 깨끗하면 된다고 한다.

더러움에 익숙해지면, 더러움도 편안하게 느껴진다. 한국에도 그런 이유로 더러운 현실을 욕하면서도, 현실을 벗어나지 못하는 사람들이 대부분이다. 아무리 행

복하게 살 수 있는 다른 방법이 있다고 해도, 더럽고 고통스러운 현실만큼 편안함을 주는 곳은 없기 때문에, 계속 그렇게 욕만 하며 살다가 죽는다.

오랜만에 철수의 보트를 타려 했으나, 철수는 보트를 운행하지 않는다고 했다. 철수는 한국에 가기 위한 준비로 바쁘며, 자신의 친형과 함께 철수카페를 오픈할 예정이라고 말했다. 한국 여행자들의 사랑방이었던 만수네 짜이 카페에는 짜이를 마시고 있는 현지인들만 가득했다. 만수는 델리에 가고 없었다.

선재네 멍카페에 밥을 먹으러 갔다. 가게가 망했는지 텅 비어 있었다. 볼수록 선재랑 꼭 닮은 선재의 여동생이 반갑게 인사를 건네며, 선재는 한국에 갔다고 말한다. 너무 당연한 거지만, 선재가 없다는 이유로 멍카페는 아무도 찾아오지 않는다며 속상한 표정을 지었다. 실제로 내가 멍카페에서 밥을 먹는 동안에도 선재가 없는 걸 확인하고는 그냥 돌아가는 사람들이 많았다. 결국 나는 다시 찾은 바라나시에서 철수의 보트도 탈 수 없었고, 선재도 만나지 못했다.

선재의 여동생

홍대에서 생긴 일

바라나시에서 선재를 만나지 못한 나는 한국에서 선재를 만나기로 했다. 홍대의 한 고깃집에서 선재를 만나기로 했는데, 전화도 안 되는 선재가 길을 찾지 못하는 건지, 시간이 되어도 나타나지 않았다. 결국 내가 선재를 데리러 나갔고, 그 사이에 선재는 고깃집을 알아서 찾아왔다. 선재를 데리러 나갔던 나는 길을 잃어버리고, 한 시간을 밖에서 헤매고 돌아다녔다. 결국 선재가 다시 나를 찾으러 나왔고, 나는 선재를 따라 약속 장소로 이동할 수 있었다. 선재는 한국에서 인도 사람이 한국 사람의 길을 알려 주는 너무 어처구니없는 일이 발생했다며 나를 놀렸다. 나는 그만큼 심각한 길치다. 해외에서야 수시로 길을 묻고 잘 찾아다니지만, 한국은 길을 모를 때 한국말로 물어봐야 해서 그런지 뭔가 모르게 물어보기가 몹시 어색하다. 선재는 우리와 맛있는 한국음식을 함께 먹으면서 충격적인 이야기를 했다. 나는 그동안 인도 사람들이 먹을 게 없어서 짜파티와 달을 먹을 뿐이지, 맛있어서 먹는 사람은 절대 없을 거라고 생각했다. 하지만 선재는 짜파티와 달이 맛있고, 무척 그립다고 말했다.

만수네 짜이카페

바라나시에 도착해서부터 지금까지 계속 누군가가 나를 따라다니고 있는 것 같은 이상한 기분이 들었다. 사토미를 꼭 닮은 여자가 지나가는 걸 보기도 했다. 최근에 정신적 피로가 심했기 때문인지, 정신세계의 어두운 부분들에서 존재하지도 않는 것들을 만들어 내고 있는 게 분명했다. 빨리 가서 쉬어야만 했다.

머무를 장소를 찾기 위해 이곳저곳을 돌아다녔으나, 내가 전에 머물던 숙소들의 좋아하는 방들에는 장기 여행자들이 몇 달 전부터 눌러 살고 있었다. 계속해서 누군가 나를 따라다니는 것만 같은 불길한 기분이 들어서, 빠른 속도로 이리저리 뛰어다니다가 처음 가 보는 한인 숙소에서 전망 좋은 깔끔한 옥탑방을 구할 수 있었다. 방에다 짐을 풀어 두고, 카메라 배터리와 스마트폰 배터리를 충전시켜둔 후에 아래로 내려갔다. 매니저가 나를 보더니 어떤 사람이 찾아와서 내가 여기 묵는 게 맞는지 확인만 하고 갔다고 말해 줬다. 내가 여기에 묵는지 확인하고 간 사람은 누구며, 그 이유가 뭘까? 누군가가 나를 따라다니는 것 같은 느낌이 내가 가진 정신적인 문제가 아니라, 실제로 따라다니기 때문이었다는 걸 알게 되자 약간 겁이 나기 시작했다. 그 사람이 누구였는지 자세히 물어보려 했는데, 매니저는 바쁜지 밖으로 나가 버렸다. 나는 방으로 다시 돌아갔다. 조금 전에 꼽아둔 충전기들은 모두 다 고장 나 있었다. 베란다 문을 열어 담배를 하나 피우고는 문을 닫았다. 잠시 후 베란다에서 누군가 노크를 했다. "누구세요?"라고 물어도 아무런 대답이 없다. 그런데 생각해 보니 베란다에 사람이 와서 노크를 한다는 건 있을 수 없는 일이었다. 대체 방문도 아닌 베란다 문을 노크하는 이유가 뭘까? 지금까지 나를 따라다니던 사람, 내가 이 방에 묵는 걸 확인하고 간 사람이 베란다를 타고 들어와서 노크를 한 게 분명했다.

베란다 앞쪽으로는 높은 건물도 없이 시원하게 뚫려 있어서, 강가가 훤히 내려다보일 뿐이다. 베란다와 연결된 그 어떤 것도 주변에는 없었다. 그러므로 밖에 있는 건 사람이 아니다! 헉! 사람이 아니라면, 대체 무엇이란 말인가?

베란다에서 찍은 사진

궁금함과 두려움에 베란다 문을 열었더니, 원숭이가 내 방으로 들어오려고 했다. 원숭이도 나름의 목적이나 각자의 사정이 있어서 내방을 노크했겠지만, 난 너무 놀라서 문을 쾅 닫아 버릴 수밖에 없었다. 원숭이의 부러진 팔이 시계추 흔들리듯 문틈에 끼어서 흔들거리고 있었다. 살짝 문을 열어 원숭이의 부러진 원숭이의 팔을 조심스럽게 밖으로 밀어낸 후에 문을 닫았다.

한참 뒤 누군가 방문을 두드렸다. "누구세요?" 라고 몇 번을 물어도 아무런 대답이 없었다. 방문을 살짝 열어 보니, 팔이 부러진 원숭이의 일가친척들이 복수를 하기 위해 한자리에 모두 모여 있었다. 식겁해서 방문을 닫으려는데, 원숭이들이 문을 잡아 열려고 했다. 심장이 몹시 쫄깃쫄깃해졌지만, 혼신의 힘을 다해 싸워야만 했다. 10여 분의 사투 끝에 원숭이의 손모가지를 분질러 버리고 문을 닫을 수 있었다.

*용서

두 시간 뒤 다시 조용히 방문을 열어 보니, 원숭이 한 마리만 밖에서 엎드려 있었다. 엎드려서 뭐하는 거냐고 물어보려다가, 방문 앞에 각목 같은 게 보이길래, 그걸로 원숭이를 향해 휘둘렀다. 원숭이도 생각이 있고, 사람을 알아볼 수 있다. 그들은 겁먹고 도망가기보단 "너 뭐하냐?" 하는 듯한 표정으로 가만히 보고만 있었다. 나를 우습게 보는 태도에 너무 화가 나서 원숭이 머리를 향해 힘껏 내리쳐 버렸다. 원숭이는 내가 내리친 각목을 한 손으로 가볍게 잡고는 씩 웃으며, 빼앗아서 여러 토막으로 부러뜨리고 있었다. 원숭이가 각목 부러뜨리기 삼매경에 빠져 있는 사이에 나는 잽싸게 방문을 잠그고 밖으로 도망쳐 나왔다.

만약 원숭이에 물리면 즉시 광견병 주사를 맞아야만 한다. 주사 한 방 맞는데 20만 원이 넘게 들어갈 만큼 비싸다고 들었다. 바라나시에서 원숭이들을 몽땅 몰아내면 좋을 텐데, 쫓아내기는커녕 바라나시의 사원들은 원숭이가 많을수록 터가 좋다고 해서 원숭이님들 모셔 오기에 공을 들인다는 소리도 있다. 원숭이가 힌두교의 신 하누만의 사자라나.

모나리자 레스토랑 입구

PART 27

모나리자

원숭이를 피해 밖으로 나온 나는 일단 밥을 먹고, 고장 난 카메라 충전기를 구하기 위해 이곳저곳을 돌아다녀 볼 생각이었다. 나에게는 바라나시에서 가격 대비 가장 만족도가 높은 모나리자 레스토랑에 갔다.

빨래를 물어뜯는 바라나시 원숭이

모나리자 사장님

*용서

식당 안에는 먼저 음식을 주문하던 사람이 있었는데, 목소리가 무척 낯이 익었다. 주문한 음식을 기다리며 책을 읽고 있는 뒷모습이 보였다. 친한 건 절대 아니지만, 여행을 다니면서 5년 연속 각각 다른 나라에서 우연히 만났던 인간이 있었다. 나이는 나와 같은데 키는 160cm쯤 되는 것 같고, 삐쩍 마른데다가 대머리이기까지 한 그 녀석은 책을 읽기 위해 여행을 나온 사람처럼, 캐리어 가득 수십 권의 책을 넣어서 끌고 다니는 몹시 아스트랄한 녀석이었다. 혹시나 그 녀석인가 싶어서 가서 얼굴을 확인해 봤더니, 그 녀석이 맞았다.

"어, 또 만났네! 넌 맨날 여행만 다니나봐?"라는 나의 인사에도 그 녀석은 책을 읽듯이 딱딱하게 대답했다.

"슈테판 클라인의 책에서 이런 말을 읽은 적이 있어. 한 군데에 머물기를 좋아하는 사람이나, 항상 어딘가로 떠나는 사람의 습성을 고치고자 하는 것은 의미 없는 일일 뿐이다. 한 인간이 살면서 필요한 새로운 자극의 양은 선천적으로 타고나기 때문이다."
"역시 너는 참 참 똑똑한 것 같아서 볼 때마다 부럽다."
"나한테 좋은 인상 주려고, 마음에도 없는 빈말을 하는 건 너에게 좋지 않아."
"그렇게 딱딱하게 대답하고, 진지한 척하면 인간미 없어 보이니까 그러지마."
"그냥 쓸데없이 웃으면서 사는 게 행복한 거겠지만, 지금은 웃을 수 없어."
"왜?"
"네가 나의 독서를 방해하고 있잖아."
"미안하다. 책 열심히 읽어라."

다시 심심한 나의 자리로 돌아와 조용히 밥만 기다리다 먹고서 조용히 밖으로 나왔다. 그 녀석은 밥 먹으면서도 계속 책을 읽고 있었다. 뭐, 나와는 다른 종류의 인간이니깐.

찐찌버거 같은 그 녀석 때문에 마음에 뭔가 곰팡이 같은 게 생긴 것 같았다. 나를

보고 웃으면서 반가워해 주는 사람을 만나
고 싶어졌다. 생각해 보니 그런 사람들이
별로 없는 것 같다. 뭐, 내가 누군가에게
그런 존재가 되어 주지도 않으니까 할 말
은 없다. 나에게 아무런 대가 없이 환환 미
소를 선물해 줄 수 있는 아이들이나 찾으러
가고 싶어졌다. 바라나시는 힌두와 이슬람
구역으로 나뉘어져 있는데, 이슬람 구역에
는 그런 아이들을 쉽게 만날 수 있을 거란
예감이 들어서 그쪽으로 이동했다.

찐찌버거란 찐따, 찌질이, 버러지,
거지새끼를 말합니다.

이동하는 동안에도 여전히 누군가 나를 따
라다니는 것 같았다. 뒤돌아보니 큰 가방을
잔뜩 메고 있는 남자가 보였다. 설마 가방
안에 나를 죽여서 묻어 버릴 도구들이 있는
건 아닐까 하는 말도 안 되는 걱정에 이리
저리 아무렇게나 뛰어가다 보니, 멀리에 원
숭이가 많아 '몽키 템플'이라 불리는 두르가
템플이 보였다. 가이드북에 외국인은 들어
가지 못한다고 잘못 나와 있는 '바라나시 골
든 템플'이라는 곳도 있는데, 그곳에 갔을
때도 원숭이가 몹시 많았기에, 몽키 템플
따위는 크게 흥미가 없었다. 하지만 근처에
왔으니 가 보는 게 좋을 것 같았다. 한참을
걷다가 이번엔 나를 따라다니는 사람이 바
로 뒤에 있다는 느낌이 강하게 들었다. 돌
아보니 여자가 한 명 서 있었다. 여자는 계
속해서 나를 따라왔다. 내가 다시 뒤를 돌

＊용서

아보고 서 있으니, 잠시 멈춰서 가게로 들어가 물을 사고 있었다.

가게에서 물을 살 때 그 여자가 말하는 억양을 살짝 들어 보니 충청도사람 같았고, 전체적인 스타일을 보니 30대 중반의 계약직 교사로 보였다. 가이드북을 들고 돌아다니는 걸로 보아 짧은 시간에 많은 걸 보고 가려는 욕심이 있기에, 방에만 들어가 있는 스타일은 아니다. 하루 평균 3시간 이상을 오후에 관광한다고 봤을 때, 인도의 자외선에 노출된 시간은 살짝 드러난 새하얀 어깨와 목 부분의 피부색, 손의 변색정도로 볼 때 일주일이 넘지 않는다. 손목에 차고 있는 3개의 팔찌는 방콕의 람쁘뜨리에서 4개에 100밧에 파는 싸구려 팔찌이기 때문에, 4일 전에 방콕을 경유해서 델리로 들어왔고, 어제 바라나시에 도착했다는 것쯤은 쉽게 짐작할 수 있다. 그러므로 나를 따라온 건 지금이 처음이며, 단지 우연이었다는 결론이 나온다. 그동안 나를 따라다니던 사람은 절대 아니며, 나와는 아무런 관련도 없는 사람이 분명했다. 뭐, 말도 안 되는 추측일 가능성이 더 크지만 일단 내 생각은 그랬다.

현재 가이드북에 나온 이 근처에 볼거리는 두르가 템플이 유일하므로 그 여자가 가려는 곳은 분명하다. 거리가 꽤 되는 곳인데도 릭샤를 타지 않고 이동하는 것과, 다 돌아다닐 것도 아니면서 가이드북을 찢어서 가지고 다니지 않은 걸 보면, 지독한 짠순이가 분명하다. 이런저런 도움을 줘도 고마워할 줄 모르는 사람이 분명하므로, 모른 척하는 게 현명하다는 판단을 한 난 그 여자가 점방에 들어간 사이에 빠른 걸음으로 이동했다.

멀리보이는 분홍색 사원이 두르가 템플이다.

＊용서

두르가 사원에 들어가 보려는데, 그 여자가 벌써 내 뒤를 따라오고 있었다. 난 사원에 들어가지 않고 그 여자가 사원에 들어가는 걸 보기만 했다. 사원 앞에 있는 놀이동산만 구경하고 다시 이동했다.

그동안 나는 많은 사람들을 만났기 때문인지 누군가를 처음 보면, 내가 경험했던 사람 중에 비슷한 이미지의 사람들이 떠오르면서 그 사람의 성격이나 취향 같은 걸 추측하게 된다. '그 여자는 분명 크게 상처받은 적이 있어서 현재 타인에 대한 경계심이 강하고, 사람을 쉽게 믿지 않는다. 누구를 만나도 어느 정도 마음의 거리를 두고 대하기 때문에 쉽게 친해질 수 없는 사람이다.' 이런 식으로 나 자신의 개인적인 경험에 의해 편견을 가지고 사람을 마음대로 추측한다. 물론 이런 나의 추측은 대부분 틀리다는 걸 알기에, 내 생각이지만 절대로 신뢰하진 않는다.

난 다시 아이들의 미소를 찾아 이동했다.

＊용서

가는 길에 짝퉁 사두가 한명 보였다. 10루피에 가격 협상을 하고 사진을 몇 장 찍었는데, 한 장당 10루피고 다섯 번 찍히는 소리가 들렸으니 50루피를 달라고 한다. 4장을 보는 앞에서 지우고 10루피만 줬다.

나의 감정상태 때문인지, 온통 우울해 보이는 얼굴들밖에 보이지 않았다.

어린아이조차도 우울해 보였다.

무슬림 구역으로 넘어오니 내가 웃기게 생겼다며, 웃는 아저씨들이 있었다. 기분이 좋아졌다.

못생겼지만, 웃어 주는 아이들도 나타났다.
아이들의 웃음을 선물 받으니, 마음속에 피고 있던 곰팡이가 살짝 제거되는 듯했다.

내가 기분이 좋아지니,
거지 언니도 나를 보고 공짜로 미소를 날려 줬다.

＊용서

PART 28

만남

나는 길치라서 불편하지만, 가끔은 그로 인해 흥미로운 일들이 생겨나기도 한다.
그래서 가끔은 의도적으로 길을 잃어버리곤 한다. 그날도 길을 잃어버리지 않았
다면, 만나지 못했을 사람들이 있었다.

거지의 해골 목걸이를 유심히 쳐다보고 있으니 공짜
니까 사진 찍으라고 한다. 아무리 봐도 그냥 거지 같
은 그 아저씨는 흥미로운 이야기를 했다. 바라나시 갠
지스 강 아래에는 셀 수 없이 많은 해골들이 쌓여 있는
데, 자신의 친구가 그 해골들을 건져 낸 후 다양한 예
술작품을 만들어 냈다는 거다. 둘만 아는 비밀의 장소
에 해골을 쌓아서 산처럼 높이 쌓아 올렸고, 그 안에

작품들이 전시되어 있다고 한다. 관람료 200루피에 사진 촬영료 300루피를 내면 데려가 주겠다고 한다. 가격은 150루피까지 내려갔지만, 나를 해골 작품의 일부로 만들까 봐 보러 가지 않았다.

100루피만 주면 시신을 태우는 장면과 유족들의 모습을 자유롭게 촬영할 수 있도록 해주겠다는 사람도 만났지만, 나를 태워 버릴까 봐 따라가지 않았다.

무슬림 여성들이 스트립쇼를 하는 곳이 있다며, 누드 촬영에 관심이 없느냐고 물어보는 싸이클 릭샤왈라처럼 생긴 사람도 있었지만, 역시나 따라가지 않았다.

얼마 전 뭄바이에 갔다가 숙소에 붙어 있던 광고사진을 통해 만났던 여행사 사장님도 우연히 만났다. 우리는 음료를 마시며, 오랜 시간 동안 대화를 나누었다. 대화를 마치고 돌아오는 길에는 탤런트 김혜자 씨의 친구라는 사람도 만났다.

＊용서

심인도 사장님

띄엄띄엄 한국말을 몇 개 하면서 자신은 학비가 필요한 가난한 대학생이라고 소
개했다. 김혜자 씨도 자신에게 많은 물건을 구입했으니, 나도 좀 사 달라고 했다.
나는 필요 없다고 거절했지만, 그 녀석은 포기하지 않고 나를 하루 종일 졸졸 따
라다녔다. 다음날에도, 그 다음날에도, 그 녀석은 나만 보면 졸졸 따라다녔다.

전혀 대꾸를 안 해도 끈질기게 따라다니는 게 몹시 귀찮아서 싸면 하나 사줄 생
각으로 헤나가루가 얼마인지를 물어보니 황당하게도 2,500루피를 부른다. 내가
250루피도 아니고 2,500루피라는 건 말도 안 된다고 꺼지라고 말했는데도, 그 녀
석은 계속 따라다니면서 말한다.

이 녀석에게 물건을 사지 마세요!

"난 2,500에 팔고 싶지만, 네가 250에 사고 싶어 하니 적정 가격은 1,200루피네."
"200루피 아니면 안 사!"
"알겠어! 200루피! 더 이상 깎아줄 수 없어!"

그 녀석의 포기할 줄 모르는 끈기와 노력에 감동한 나는 결국 쓸데없는 것들을 구
입하고야 말았다. 그래도 2,500루피에 파는 걸 200루피로 깎아서 샀으니 나쁘지
않다고 생각했다. 그렇게 깎으니 행복하냐고 나에게 묻는다. 내가 다시 되물었다.

"넌 팔아서 행복해?"
"서로에게 'Happy price'였지만, 네가 엽서도 사 준다면 더 행복할 것 같아!"

＊용서

다음날에도 그 녀석은 여전히 나에게 물건을 사라고 따라다녔다. 어제 사 줬는데 왜 또 그러냐고 짜증을 냈더니, 나한테 어제 200루피에 팔았던 걸, 오늘은 60루피에 팔 테니까 몇 개만 더 사 달라고 한다. 어제보다 140루피가 싸졌다. 아, 짜증나!

가격은 30루피까지 내려갔다. 가격이 내려갈수록 나의 분노게이지는 급상승했다. 그 녀석은 나의 분노게이지를 살펴보고는 '흠칫'하며 도망가 버렸다.

나의 분노게이지에 흠칫하는 녀석의 표정. 손에 들고 있는 박스가 헤나가루 박스고, 팔짱에 끼고 있는 게 엽서뭉치다. 참고로 헤나가루는 어떤 용도로도 사용불가다. 정말 아무런 쓸모가 없다.

그날 밤에는 물건을 팔고 있는 그 녀석이 보였다. 나에게 30루피에 판다고 했던 걸, 3천 루피에 팔고 있었다. 놀란 내가 물었다.

"정말 3천 루피에 판 거야?"

녀석의 그렇다는 대답에 웃음을 참기 힘들었다.

"하하하하! 세상에 저런 바보가 있다니!"

뭐, 내가 웃을 처지는 아니지만, 뭔가 기분이 다시 좋아지고 있었다.

며칠간 대형마트와 온 동네 카메라 가게들을 다 뒤져봐도 나의 카메라 충전기를 구할 수 없었다. 더 이상 사진을 찍지 말라는 하늘의 뜻으로 받아들이고, 바라나시에서 충전기 찾기를 완전히 포기한 순간 정말 어이없게도 조그만 다리미 가게에 내가 찾던 카메라 충전기가 있었다. 충전기를 구해서 돌아오는 길에는 에그롤을 사먹었다. 정말 싸고 맛있었다!

에그롤 때문에 탈이 난 건지, 갑자기 몸이 너무 아프기 시작했다. 몸이 아프니까 술이 마시고 싶었다. 숙소의 여자 사장님이 숨겨 두었던 술을 꺼내셨다. 나를 걱정하며 약국에 데려다 주겠다던 여자 한 분까지, 이렇게 셋이서 술을 마셨다.

에그롤 아저씨

*용서

내 방에서 목을 매고 자살한 도마뱀   자살한 도마뱀 시신 하나가 사라졌다.

만취해서 방에 들어오니 방문 위 창문 틈에 도마뱀 한 마리가 목을 매서 자살해 있었다. 원래 올 때부터 한 마리가 목을 매서 죽어 있었는데, 다음날 또 한 마리가 자살했고, 오늘 또 한 마리가 자살했다. 방에서 일어나는 이런 기묘한 현상들에 공포감이 생겨났다. 이건 대체 무슨 의미인가?

내 방은 안에서 문이 잠기지 않는다. 나는 방에 들어오면 혹시라도 원숭이들이 문을 열고 들어올까 걱정되어, 문 앞에 의자와 카메라 가방으로 막아 두고 있었다. 그런데 다음날 아침 도마뱀시체가 한 마리 없어졌다. 아무리 찾아도 어디에도 없었다. 밖에 카메라 가방을 메고 나가서 사진을 찍기 위해 카메라를 꺼낼 때 손에 느껴지는 썩은 도마뱀 터지는 감촉이란……

며칠 후 두 마리의 썩은 도마뱀이 땅으로 떨어져서 터져버렸다. 썩은 도마뱀이 터진 냄새는 상상할 수 없을 만큼 지독하다. 치우려다가 토해버리고 말았다. 완전히 몸이 회복되지 않아 다시 몸에 열이 나기 시작했고, 설사 때문에 힘들어졌다. 느닷없이 폭우가 내리면서 방은 순식간에 물에 잠겨 버렸다. 어질러 두었던 나의 살림들을 급하게 배낭에 담아 침대로 올렸지만, 이미 젖어 버린 물건들도 많았다.

나는 침대에 엎드려 눈으로는 도마뱀 시체와 원숭이 똥 같은 것들이 둥둥 떠다니는걸 보고, 코는 도마뱀 썩은 냄새를 맡으며, 귀로는 원숭이가 노크하는 소리를 들어가며 잠을 청해야만 했다. 정말 최악이다. 하지만, '이 상태에서 뭐가 더 나빠질 수 있을까?'라고 생각해 보면 한편으론 마음이 편해지기도 했다.

이런 일들이 생기는 건 어쩔 수 없지만, 이런 일들에 대한 나의 반응은 얼마든지 선택 가능하다. 이런 상황들도 나름대로 역할은 있을 것이고, 나에게 필요한 무언가를 위해서 발생한 일들이라고 생각하면서 나를 위로해 보려 했지만, 지금 상황을 공유할 누군가가 없기 때문에 발생하는 외로움은 어쩔 수가 없었다.

사토미가 문득 궁금해졌다. 오래간만에 메일을 보내기 위해 메일함을 열어 보았다. 오, 이런 끔찍한 일이! 한 달 전에 벌써 사토에게 메일이 도착해 있었다. 사토는 바라나시에 머물다가 내 생각이 나서 메일을 보냈다고 했다. 곧 리시케시로 떠난다는 내용의 메일이었다. 작년과 같은 이동 패턴이었다. 나는 사토에게 당장 리시케시로 가겠다고 답변을 보냈다.

지금 와서 드는 생각인데, 별로 좋지 않은 경험이었지만 그래도 그런 일들이라도 없었다면, 이번 바라나시 여행에 기억할게 하나도 없을 뻔했다. 뭐, 어떤 일 일어났건, 언젠가는 기억도 나지 않는 과거의 일이 되어 버릴 뿐이고, 결국에는 죽어서 모든 기억도 다 사라져 버릴 테지만.

＊용서

난 다음날 리시케시로 떠날 기차표를 구하기 위해 여행사로 갔다. 지금은 리시케시가 상황이 좋지 않은데, 그래도 가겠냐고 물어본다. 생각 좀 해보겠다고 하고, 여행사를 나와서 알 만한 사람들에게 다시 물어보니 이런 내용이었다.

리시케시는 얼마 전에 큰 홍수가 나서 관광객들도 많이 다치거나 실종되었다. 지금까지 밝혀진 사망자만 천 명은 넘고, 실종자만 7만 명이 넘는다. 헬기가 생존자들을 실어 나르다가 헬기까지 추락해서 다 죽은 일도 있었다. 지금도 비가 계속 내리고 있어서, 수많은 시신들이 멀리까지 둥둥 떠다니고 있다. 지금쯤 리시케시에는 전염병이 퍼져 있기 때문에 가지 않는 게 좋단다.

푸자를 보러나온 사람들

리시케시에 무슨 난리가 났건 간에, 난 한 번도 가본 적 없고, 뭐가 있는지도 모르는 리시케시로 가는 기차표를 끊었다. 자세한 건 일단 도착해서 알아보면 되는 거고, 무엇보다 사토가 거기에 있으니까 난 가야만 했다. 사토가 간절하게 보고 싶어졌다.

리시케시 상황 탓에 뭔가 긴장도 좀 되고 해서 오랜만에 푸자를 보러 갔다. 이렇게 사람들이 많은데도, 여전히 누군가 뒤에 숨어서 나를 쳐다보는 느낌이 강하게 들었다.

그리고 내 뒤에 그때 두르가 사원가는 길에 만났던, 그 여자가 서 있는 걸 보았다. 누군가와 몹시 대화가 나누고 싶었던 나는 먼저 말을 걸었다.

"안녕하세요."
"아… 여기서 또 뵙네요."
"푸자 보러 자주 나오세요?"
"처음 봐요."
"처음 보는 건데, 사진 안 찍으세요?"
"제대로 보려고요."
"그럼 사진을 찍는 건, 제대로 보는 게 아닌가요?"
"아마도."
"사진은 내 눈앞의 시간을 정지시켜 두면서, 눈으로 보면 놓칠 수도 있는 많은 것들을 언제든 더 자세히 보고, 관찰할 수 있으니까 더 제대로 볼 수 있는 거 아닐까요?"
"뭐, 그럴 수도."

나와 별로 이야기하고 싶어 하지도 않는 여자에게 계속 쓸데없는 말을 하고 지껄이고 있는 걸 보면, 정말 누군가랑 이야기가 간절하게 하고 싶었나 보다. 그게 누구든 상관없이 말이다. 우리는 푸자를 보면서 계속 대화를 하다가 푸자가 끝나고 맥주를 한 잔 마시러 갔다.

원숭이 사건, 도마뱀자살, 방에 홍수가 난 사
건 등을 이야기를 했을 때, 그 여자는 이렇게
대답했다.

"당신은 손해를 입은 게 없어요! 특별한 경험을
했으니, 정말 소중한 걸 얻은 거예요!"

난 단지 이런 일이 있었다는 걸 이야기 하고 싶
었을 뿐인데, 벌써 술에 취한 건지 그 여자는
계속해서 그 문제를 해결해 주려는 듯이 떠들었
다. 난 단지 이야기를 하고 싶었던 거고, 누군
가 들어주길 바랐던 것뿐인데, 오해를 했는지 계속 무언가 도움 될 이야기를 해주
려 노력하고 있었다. 그런 건 전혀 듣고 싶지 않은데 말이다. 상대방이 내 이야기
를 들어주기보단 뭔가 도움 되는 말을 해주려고 노력 할때면, 함께 대화를 나누고
있어도 한없이 외로워진다.

그 여자는 두르가 사원 앞에서 나를 본 것을 기억한다고 말했다. 나는 그 여자가
나를 따라다니는 사람이라고 잠깐 의심도 했었다고 말했다. 그 여자는 나를 따라
다니는 사람의 정체에 대해 이렇게 이야기했다.

"투명인간이 아닐까요?"
"투명인간이요?"
"당신을 따라다니지만 눈에는 보이지 않으니 투명인간이거나, 당신의 망상이 만
들어 낸 존재가 분명해요."
"그건 아니에요. 숙소까지 따라와서, 내가 어느 방을 쓰는지까지 확인하고 갔으
니까요."
"바라나시에서는 돈만 주면 사람을 죽여준다던데, 누군가 당신이 죽길 바라는 게
아닐까요?"

"그럴 만한 사람은 짐작도 가지 않는걸요."

"어쩌면 당신을 따라다니는 존재가 이 세계의 사람이 아닐 수도……."

"네?"

"평소에는 우리의 눈에 보이지는 않지만, 우리가 인식은 할 수 있는, 알 수 없는 무언가로 존재하면서, 이따금 여러 가지 모습으로 이 세계에 나타나 자신의 존재를 알리는 다른 세계의 사람."

"내가 보기엔 당신이 그런 사람 같은데……?"

"세상 모든 건 당신의 마음속을 읽어 내는 미립자들로 만들어져 있기 때문에, 당신의 불안정한 심리상태가 당신을 따라다니는 사람을 만들어 낸 거예요. 당신 주위에는 끊임없이 그런 사람들이 존재해 왔어요. 당신이 몰랐을 뿐이죠. 당신이 만들어 낸 그 사람은 이제 어떤 의도를 가지고 당신을 따라다니며 괴롭히고 있어요. 그 사람은 당신에 대한 모든 걸 알고 있어요. 당신이 어디서 뭘 하게 될지도 미리 알고 있을 거예요. 당신은 죽을 때까지 당신이 만들어 낸 그런 사람들과 함께 살아갈 수밖에 없어요!"

"하하하! 재미있는 말이긴 한데, 쫌 어이없네요. 정말 그런 사람들이 있다면, 싹 없애 버려야겠어요."

*용서

"모든 사람은 자신이 보고자 하는 것만 보게 돼 있어요. 당신이 더 이상 그런 사람들 보기를 원하지 않으면 사라질 거예요."

"대화가 뜬금없이 판타지의 세계로 날아간 걸 보면, 많이 취했나 봐요! 우리 그만 마시고 들어가요."

아스트랄한 대화를 마치고 밖으로 나왔을 때, 그 여자는 갑자기 어둠속으로 사라져 버렸다. 나만큼이나 정신세계가 몹시 독특한 사람이었다. 숙소로 돌아와 짐을 싸고, 샤워를 하고 나니 새벽 1시가 넘어 버렸다. 리시케시로 가기 위해서는 새벽 5시에 일어나야 하는데, 이런저런 불안감에 새벽 3시가 넘도록 잠이 오질 않았다. 잠깐 잠이 들 뻔했는데, 누군가 문을 두드리는 듯하더니 갑자기 문이 벌컥 열렸다. 어둠 속의 존재가 나에게 다가와 말했다.

어떻게 이런 일이, 그는 분명……

리시케시 이야기로 이어지는 테리의 다음 책을 기대해 주세요!

리시케쉬 락시만 줄라

리시케쉬 람줄라 Chotiwala's

＊용서

꿈이라고 생각했던 걸 이뤄도 전혀 행복하지 않다면,

그 꿈은 아무런 가치도 없는 거다.

꿈을 이뤄서 행복해졌는데 또 다른 꿈을 꾸는 건,

아직 충분히 행복하지 못하기 때문이다.

더 행복해지고 싶은 욕망이 없어야만, 더 이상의 꿈이 없어야만,

진정으로 꿈을 이룬 행복한 사람이다.

달리트

사진 속에 빨래를 하는 사람들은 도비왈라들이다. 불가촉천민의 한계층인 그들은 새벽같이 일어나 빨래를 하고 잠들기 직전까지 오직 빨래만 한다. 그들은 죽을 때까지 그렇게 빨래만 하다가 죽는다. 그들의 아이들도 그들과 똑같은 삶을 살아야만 한다.

카스트는 4계급으로 분류된다.

최상위계급인 - 브라만
왕족, 귀족인 - 크샤트리아
평민계급인 - 바이샤
노예계급인 - 수드라

그리고 카스트 밖의 존재들인 불가촉천민이라 불리는 '달리트'가 있다.

달리트 사이에서도 하는 일에 따라 자신들을 구분하며 카스트를 구분한다. 불가촉천민이라고 해서 다 똑같은 게 아니다. 달리트만이 누릴 수 있는 혜택도 있지만, 대부분은 천민보다 못한 천민으로 극심한 차별 속에 고통 받으며 살아간다. 태어나면서부터 정해진 신분은 죽어서도 바꿀 수가 없다. 바이샤가 카스트를 떨어뜨려 입학이나 취업 시 일정비율을 달리트들에게 배정해 주는 등의 혜택을 누릴 수는 있어도, 달리트가 바이샤가 될 수는 없다. 불가촉천민들의 영웅 암베드카르의 투쟁으로 1955년 불가촉천민법이 제정되어 법적으로는 차별이 금지되어 있으나 지금 현재도 3500여 년이나 묵은 인도의 신분제도 카스트는 여전히 존재한다. 불가촉천민들은 지금도 평생을 구걸하며 살든가, 가장 비천하다고 여기는 직업들인 시체 도살이나 오물 수거, 빨래 등의 천한 일만 하며 살다 죽는 경우가

＊꿈

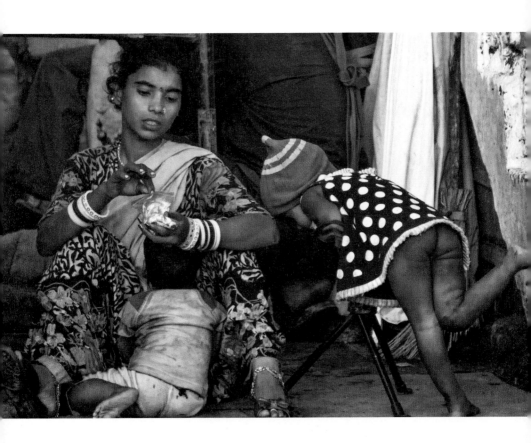

대부분이다. 자신의 불행을 그대로 물려주는 아이들이 태어나고, 그 아이들 또한 그런 불행한 삶을 똑같이 살아야만 한다.

하지만 불가촉천민 출신으로 태어났어도 희망을 가지고 꿈을 꿀 수는 있다. 어떠한 불가능도 없고 뭐든 해낼 수 있다는 강한 믿음을 가지고 노력한다면, 그들이 대통령이라도 될 수 있을까? 불가촉천민으로 태어난 여자 아이가 실제로 그런 말도 안 되는 비현실적인 꿈을 꾼 적이 있었다.

여자로 살기 힘들다는 인도에서 부모를 잘 만난 마야와티 쿠마리는 어린 시절 불가축천민들은 왜 끔찍하게 가난하거나, 모든 사람들에게 무시당하고만 살아야 하는지를 불가촉천민인 부모에게 물었고, 아버지는 이렇게 대답했다.

"그럼 네가 훌륭한 사람이 되어 천민들의 편에 서서 우리 같은 불가촉천민들의 권리를 지켜 주고 차별 받는 사람이 없는 사회를 만들어 보거라. 너라면 분명 이 세상을 바꿀 수 있을 거다."

그 말을 들은 마야와티는 자신이 반드시 세상을 바꿔 보이겠노라고 아버지에게 말했다. 그때마다 그녀의 아버지는 그녀를 믿어 주었고, 넌 잘 해낼 거라고 말했다. 그녀의 아버지는 항상 그녀를 존중하고 믿어 주었다. 부모가 아이에게 계속해서 "넌 잘할 수 있다. 넌 잘할 수 있다."라고 말 해주면 아이는 정말 잘하게 된다. 아이가 되고 싶어 하는 무언가가 될 수 있다고, 계속 말해 주면 아이는 정말로 그 무언가가 된다. 세상 모든 아이들에게는 분명 하늘이 준 재능이 있다. 그런 아이의 잠재력을 끄집어내서 스스로 노력하게 만드는 부모야말로 최고의 부모다.

많은 사람들이 그녀를 천민이라며, 욕하고 비난했다. 그녀가 자신의 꿈을 위해 노력할수록 그녀를 살해하려는 사람들까지 생겨날 정도로 그녀가 꿈을 이루는 길은 험난했지만, 그토록 어렵고 힘든 고통의 시간들을 지나 결국 그녀는 인구 2억만 명의 인도 최대 주인 우타르프라데시 주의 장관이 되었다. 소외 계급의 권리와 행복을 위해 그녀는 아직도 꿈꾸는 중이다.

불가촉천민 출신으로 태어난 아이가 "나는 커서 대통령이 될 거예요!"라고 말한다면 그 말이 실현가능성이 있다고 생각하는 사람이 세상에 있을까?

대통령의 꿈을 꾸었던 불가촉천민 출신인 코체릴 라만 나라야난은 오바마가 미국 최초의 흑인 대통령이 된 것보다도 더욱 감동적인 스토리로 진짜 인도의 대통령이 되었다. 그는 운명은 신이 아닌 자신이 만드는 것임을 확실히 보여 줬다.

*꿈

"자신이 위대하다고 생각하는 일을 하라. 아직 그런 일을 찾지 못했다면 절대로 포기하지 말고 계속 찾으라."고 스티브잡스가 말한 것처럼 불가촉천민으로 태어나 엄청난 성공을 이뤄 낸 누군가도 이렇게 말했다.

"자신이 진정으로 되고 싶은 무언가를 찾아라! 찾았다면 구체적인 계획과 목표를 세워라! 몇 년 안에 뭘 해서 어떻게 될 거다! 하는 구체적인 목표 없이는, 아무것도 할 수 없다. 원하는 목표를 정하고 계획을 세웠다면, 간절히 원하라! 마치 이루어진 듯 생생하게 꿈을 꾸라! 꿈은 내가 꾸는 거지, 다른 사람이 대신 꾸어 주는 게 아니므로 목표가 확실하다면, 주변의 부정적인 말들은 다 무시하고, 꿈을 향해 죽기 직전까지 노력해라! 그러면 당신이 원하는 무언가가 될 수 있다!"

이런 개똥보다 흔해 빠진 말은 누구나 알고 있는, 너무도 식상하고 지겨운 말이다! 이런 말은 단지 성공한 자의 여유로운 말로밖에는 들리지 않는다. 내가 이런 이야기의 주인공이 되기 전까진 말이다.
인도보다 더욱 심각한 우리나라의 출신성분, 학벌, 돈, 배경 등에 의해 나눠지는 카스트제도를 극복하고 성공하기란 불가촉천민이 의사, 엔지니어, 연방장관, 연방의원, 대법원장과 대학총장에 대통령까지 되는 인도보다 더 힘들지도 모르겠다는 생각도 들지만…….

중용에는 이런 말이 나온다. 실천하고 행하기를 남보다 백 배 노력한다면 비록 어리석을지라도 반드시 밝아지고, 비록 나약하더라도 반드시 강해지게 되어 있고, 비록 불가촉천민이라 할지라도 분명히 해낼 수 있다. 세상은 불공평하고 힘들지만, 내가 극복할 수 있을 만큼만 불공평하다고 했다. 나라야난은 불가촉천민이라는 신분도 극복하고 인도의 대통령이 되었는데, 내가 극복하지 못할 건 대체 무엇인가 한 번쯤은 생각해 보게 된다.

오아시스를 찾아서

어느 날 사막에 폭우가 쏟아져 내렸다.
사막의 폭우는 사막 어딘가에 오아시스를 만들어 냈다.
물이 필요한 사람들은 사막 어딘가에 있을 오아시스를 찾아 떠났다.

그들은 오아시스를 찾아냈다.
간밤에 폭우가 만들어 낸 작은 오아시스를 발견한 그들은
오아시스에서 갈증을 해소하고 샤워를 했다.

그들에게도 꿈과 희망이 존재할지 문득 궁금해졌다.

사람이 사는 곳에 희망이 없어서는 안 되고,
희망이 있는 곳에는 꿈이 존재할 수밖에 없나 보다.
건조한 사막에 오아시스와 같은 촉촉한 꿈을 간직한 사람들이 살고 있었다.

어려운 환경 속에 9살 때부터 낙타몰이꾼을 하며,
자신만의 낙타를 가지는 꿈을 꾸던 모하메드.

자신의 멋진 차로 사막을 질주해 보고 싶은 소박한 꿈을 꾸던 네루.

호텔 사장이 되고 싶은 커다란 꿈을 꾸던 릭샤왈라 유세프.

＊꿈

그들은 모두 꿈을 이뤘다.

불가촉천민인 거지 부모에게 태어난 모하메드는 자신의 낙타를 소유하고 싶었다. 9살 때 낙타몰이꾼을 시작했고, 영어와 한국어도 공부했다. 타고난 머리와 재능만 가지고는 어떤 꿈도 이뤄질 수 없다. 믿음과 확신을 가지고, 죽을 만큼 노력해도 운이 따르지 않으면 꿈이 이뤄질 확률은 거의 없다. 모하메드는 머리도 좋고 노력도 많이 했지만, 무엇보다 운이 아주 좋았다. 12살의 어린 나이에 자신의 낙타를 소유하는 꿈을 이뤘으니 말이다.

인간에게 희망이 없으면 사는 게 힘들어진다. 희망을 가지기 위해 우리는 꿈을 꾸고, 꿈을 실천할 용기를 얻고자 자기계발서를 읽는다. 책 속에서 흔하게 나오는 성공담을 자신의 이야기로 만들기 위해 노력을 해보기도 하지만, 현실에서 그런 일은 쉽게 일어나지 않는다.

우리에겐 가볍고 소박한 꿈이지만, 이루고 나면 충분히 행복해질 수 있는 많은 꿈들이 필요하다. 릭샤왈라였던 네루는 이루기 힘든 성공을 꿈꾸기보단, 자신이 이룰 수 있는 소박한 꿈을 꿨다.

멋진 차의 주인이 되어 사막을 질주해 보고 싶다던 네루는 꿈을 이뤘다. 자신의 멋진 차로 나를 사막까지 공짜로 데려다 주기까지 했다. 네루는 꿈을 이뤄 아주 행복하다고 말했다. 더 이상의 욕심은 행복에 방해가 되기에, 현재의 행복에 만족하고 감사할 뿐 더 좋은 차들을 많이 가지고 싶다거나 다른 꿈은 없다고 했다.

유세프는 자신이 원하는 게 뭔지 정확히 알지만, 현실적인 상황에서 그런 커다란 꿈을 이루기는 힘들었다. 결국 꿈을 뒤로 미루고, 릭샤왈라를 하며 기회를 기다렸다. 다른 나라의 다양한 언어를 공부했던 유세프는 언어에 능통하다 보니 릭샤왈라로서도 많은 돈을 벌어들일 수 있었고, 유럽의 여행 책자에도 소개가 되는 유명 인사가 되었다. 그는 생존을 위해 바쁘게 일을 하면서도, 자신의 꿈을 위해 꾸준히 준비하고 노력했다. 유세프의 꿈을 알게된 여행자들이 돈을 모아 만들어준 작은 게스트 하우스를 시작으로 결국 자신의 꿈이었던 오아시스 호텔을 만들었다. 유세프는 자신이 원하는 꿈을 이뤄 충분히 행복하기에, 이젠 더 이상의 어떤 꿈도 필요 없는 진정으로 행복한 사람이 되었다. 꿈꾸는 자들에게 세상은 생각보다 말랑말랑하다는 유세프는 더 이상 꿈꾸지 않는다고 말했다.

누군가에게 간절한 꿈이 생겨 그 신호가 하늘에 닿으면 우주는 세상의 흐름을 신호에 맞추어 바꿔 가기 시작한다. 우주가 그의 꿈에 맞추어 세상을 바꾸는 과정에서 생각처럼 기대가 쉽게 충족되지 않은 사람들은 실망하게 되고, 실망감은 무력감을 불러와 포기하게 만든다. 하지만 유세프는 어떠한 경우에도 실망하지 않았고, 그 결과 사막의 오아시스가 될 수 있었다. 여기서 중요한 건 모든 간절한 꿈이 우주를 변화시키는 건 아니라는 사실이다.

노력하지 않을 거라면 꿈도 꾸지 말아야 한다. 미친 듯이 노력한다고 꿈이 이뤄지는 건 아니지만, 적어도 꿈을 가질 자격은 있다. 꿈이 생겼다고 미련하게 꿈에만 매달리는 것보단, 유세프 처럼 생계유지를 위해 필요한 돈 버는 일을 따로 하면서, 꿈을 위해 준비하는 게 가장 현명하다.

재능이 없거나, 운이 따르지 않는 가능성 없는 꿈에 노력하는 것보단, 실현 가능한 다른 꿈을 찾아서 노력하는 게 더 바람직하다. 불확실한 꿈에 모든 걸 걸고 노력하면서, 시간을 소비하기엔 우리의 인생은 너무도 짧다.

자신이 잘할 수 있는 꿈보다는 자신이 하고 싶은 일을 꿈꾸고, 돈을 더 많이 벌 수 있는 일보다는 자신을 더 행복하게 해줄 수 있는 일을 꿈꿔야 한다.

꿈이라고 생각했던 걸 이뤄도 전혀 행복하지 않다면,
그 꿈은 아무런 가치도 없는 거다.
꿈을 이뤄서 행복해졌는데 또 다른 꿈을 꾸는 건,
아직 충분히 행복하지 못하기 때문이다.

더 행복해지고 싶은 욕망이 없어야만,
더 이상의 꿈이 없어야만,
진정으로 꿈을 이룬 행복한 사람이다.

*꿈

우리도
꿈을 위해
달려가
봅시다!

여행자 프라카쉬 II

다음날 길에서 대학 교수인 아버지와 의대에 진학 예정인 고3 아들을 우연히 만났다. 인도가 처음이라 도움이 필요하다며, 이것저것 물어보셨다. 난 내가 아는 한도에서 최대한 성의껏 도움을 드리려고 노력했지만, 그들은 조금도 고마워하지 않았다. 해외에서 만난 한국인들은 같은 한국인들이 도움을 주는 걸 너무도 당연하게 받아들이는 사람이 많다. 나는 델리로 돌아가는 버스표를 구하기 위해 뉴마날리까지 걸어갔다. 가는 길에는 마리화나가 잡초처럼 깔려 있었다.

사진속의 녹색 풀들은 모두 다 품질 좋은 '마리화나'다.

마날리에서 '마리화나'는 어디에나 널려 있다.

*꿈

누마날리에는 다양한 종류의 거지들이 서식하고 있고, 성수기가 아니면 만나기
힘든 프로페셔널 거지들도 있다.

그냥 거지

북치는 거지

그날은 그냥 거지들도 있었고, 북치는 거지도 있었다.

쇼하는 거지

토끼 할매 거지

쇼하는 거지들도 있었고, 못생긴 토끼를 들고 있고 있다가 사진을 찍으면 돈을 받는 할매 거지도 있었다. 그리고 찰리채플린 분장을 하고 있는 프라카쉬가 있었다.

"프라카쉬! 얼굴이 왜 그래?"

"알바 때문에 잠깐 해본 거야."

"먹고살기 힘드네!"

"난 먹고살려고 일하는 게 아니야."

"그럼?"

"다가올 여행에 대한 자유로움과 행복감을 미리 느끼기 위해서 일하는 거야."

"이런 일이 너한테 행복을 미리 느끼게 해준다고?"

"무슨 일이든 하고 있다는 게 날 행복하게 해주는 거야."

"너처럼 자유인은 아무것도 안 해야 행복한 거 아니야?"

"아무것도 하지 않으면, 오히려 불행해져."

"자유롭진 못하지만, 행복하기 위해 일을 하는 거네?"

"아니! 일을 하면 일을 해서 자유롭고, 여행을 하면 여행을 해서 자유로워!"

"무슨 개똥같은 소리야?"

뉴마날리에는 어린이 놀이기구들이 몇 개 있었다. (사진은 망 속에 들어가서 점프하는 곳)

"저기 망 속에 있는 아이들을 봐! 다들 자유롭고 즐거워 보이지 않아?"

"지들이 놀고 싶어서 들어간 거니까 당연히 그래야지!"

"아이들이 망 속에 갇혀 있는 게 즐거운 것처럼, 나도 내가 원해서 일하니까 자유롭고 행복한 게 당연한 거야!"

"웃기시네! 돈 떨어져서 억지로 하는 거면서!"

"난 여행 중이고, 일도 여행의 일부라고 전에 이야기 했잖아! 일을 놀이라고 생각하고 즐기면 되는 거야."

"근데, 넌 전혀 즐겁지 않아 보여."

"난 즐거워!"

"아니야! 넌 즐겁지 않아!"

"나름 즐기고 있다니까!"

"아니야! 넌 절대 즐거울 리가 없어!"

"사실 우리가 하는 모든 일들 속에는 자유와 행복이 존재하는 건데, 사람들은 항상 다른 곳에서 자유와 행복을 찾으려고 노력해! 그러니까 무슨 일을 해도 불행하고, 다른 사람들도 똑같이 불행할 거라고 착각하는 거지!"

"난 안 그래!"

"알았고, 내일 보물 찾으러 갈 건데 같이 가자!"
"난 내일 마날리를 떠날 거야."
"어디 가는데?"
"델리."
"그럼 오늘 저녁이나 같이 먹자!"
"그래."

나는 델리행 버스티켓을 구한 뒤, 바쉬쉿에 있는 숙소로 돌아가서 쉬었다.
숙소에서 쉬다가 프라카쉬와 저녁 약속 때문에 올드 마날리에 가려고 나왔다. 온
천욕을 하고 나왔다는 교수님과 아들이 빨래터 앞에 있었다. 올드 마날리에는 뭐
가 있는지 물으시기에, 레스토랑 몇 개만 추천해 드렸다.

올드 마날리에는 코브라 거지가 있었다.

프라카쉬랑 약속한 식당에 먼저 가서 기다리고 있는데, 프라카쉬가 소리 없이 다가와서는 귀에다가 속삭이듯 말했다.

"넌 꿈이 뭐니?"

"뜬금없이 왜 꿈이 뭐냐고 귀에다가 속삭이는 거야?"

"너와 나의 공통점을 찾는 중이야! 너도 나랑 같은 종류의 인간인 것 같아서 조용히 물어봤어."

"그렇게 속삭일 필요는 없잖아! 넌 대체 어떤 종류의 인간이야?"

"꿈이 없는 인간."

"뭐? 너 그런 인간이었어? 난 꿈이 있는 인간이야!"

"꿈이 뭔데?"

"1년을 3등분으로 나눠서 하고 싶은 것만 하면서 사는 게 꿈이야! 4개월만 한국에서 하던 일하고, 4개월은 여행을 다니면서 여행칼럼을 쓰거나 영화를 만들고 싶어."

"영화?"

"음, 〈만 원으로 행복해 지는 법〉이라는 독립영화를 찍고 싶은 건데, 여행자들이 하루에 만 원으로 먹고 자고 모든 걸 즐기면서, 여행할 수 있는 아주 특별한 여행지들과 독특한 소비방법에 관한 내용이야. 자본주의에 찌든 현대인들에게 행복에 관한 중요한 메시지를 던지는 유쾌한 코미디 영화를 만들 거야!"

"나를 주인공으로 당장 찍으면 되잖아!"

"싫어!"

"음, 아쉽군."

"포기가 왜 이리 빨라!"

"살짝 귀찮아졌거든. 암튼 남은 4개월은 뭔데?"

"남은 4개월은 6명이 동업해서 둘씩 4개월간 운영하는 형식의 '배낭 여행자 술집'을 운영하는 거야! 어디로 여행 갈지 헤매는 사람들에게 적당한 여행지를 추천해 주고, 장소와 일정이 비슷한 사람들은 팀을 만들어 줄 거야. 술집에서 만나서 친해진 사람들끼리 의논하고, 설계한 코스로도 여행을 갈 수 있고, 인솔자가 필요하다면 따라가기도 할 거야"

"너의 꿈은 모두 이루어질 거야!"

"고맙다. 근데 넌 왜 꿈이 없어?"

"꿈이 왜 있어야 하는데? 꿈이 없으면 없는 대로, 자유롭게 즐기면서 살면 되는 거지!"

"그래도 꿈이 없다는 건 뭔가 불행해 보이잖아."

"꿈이 있어야 한다는 생각이 불행하게 만드는 거야! 꿈이 없다고 고민할 시간에 그냥 하고 싶은 대로 마음껏 자유롭게 살다가 하고 싶은 게 생기면, 그때부터 꿈꾸면 되는 거야."

"그래도 꿈을 찾으려고 노력해 봐."

"싫어! 안 찾아! 꿈이 뭔지도 모르는데 어떻게 찾아? 찾으려고 노력 할수록 행복은 멀어지는 거야! 우선 지금은 다양한 경험을 쌓고 있는 중이야! 이것도 해보고 저것도 해보고, 여기도 가보고 저기도 가보고, 이 사람도 만나보고 저 사람도 만나보고, 그러다 보면 내가 뭘 잘하는지, 뭘 하고 싶은지 언젠가는 알게 될 때가 오지 않겠어?"

"꿈이 알아서 찾아오길 맘 편히 기다리겠단 거지?"

"꿈 찾는데 고민하느라 시간낭비하고 싶진 않아! 꿈이 안 찾아오면 안 찾아오는 대로 그냥 마음 편히 자유롭게 살다가, 이룰 수 없는 꿈이 찾아오면 모른 척하면 되는 거고, 너무 많은 꿈들이 찾아온다면, 그중에 가장 행복해질 수 있는 꿈 하나를 선택하면 되는 거야!"

"잘못 선택했을 땐?"

"돈이나 노후를 생각해서, 꿈을 선택하는 실수만 하지 않으면 잘못 선택할 일은 없어!"

식당에는 저녁 먹으러 왔다며, 교수님의 아들이 들어와서 옆자리에 앉았다.

"여긴 웬일이야?"

"아까 여기 추천해 주셨잖아요!"

"그랬나? 아버지는 어디 가시고?"

"곧 오실 거예요"

"여기 있는 친구는 프라카쉬야!"

둘은 인사를 했고, 프라카쉬는 우리에게 영어로 대화해 줄 것을 요청했다.

"두 분은 무슨 이야기 중이셨어요?"

"꿈에 대해 이야기 중이었어. 넌 꿈이 의사랬지?"

"그건 부모님이 바라시는 꿈이고요."

"네가 바라는 꿈은 뭔데? 의대는 안 갈 거야?"

"제가 원하는 걸 하고 싶은데요. 딱히 잘하는 것도 없고, 하고 싶은 것도 없어서……."

"잘하는 것도, 하고 싶은 것도 없다고?"

"네."

프라카쉬는 좀 전에 나한테 했던 말을 그대로 했다.

"넌 잘하는 게 없는 게 아니라 잘하는 게 뭔지 모르는 거고, 하고 싶은 게 없는 게 아니라 아는 게 없는 거야! 지식과 경험이 부족해서 그런 거니까 이런저런 책들도 많이 보고, 다양한 경험을 많이 해보면 잘하는 게 뭔지, 하고 싶은 게 뭔지 알 수 있을 거야!"

"그래도 꿈이 안 생기면요?"

교수님이 들어와서 아들 옆에 앉았지만, 프라카쉬는 이야기를 계속했다.

"꿈이라는 건 나를 자유롭고 행복하게 해줘야 하는 거야! 억지로 꿈을 꾸려고 하지 말고, 힘들게 꿈을 이루려고도 하지 마! 어려운 건 다 포기해! 꿈 없으면 없는 대로 살아! 그냥 자유롭고 행복하면 되는 거야!"

이야기를 듣던 교수님이 프라카쉬에게 물었다.

"자네는 꿈이 뭔가?"

"전 꿈이 필요 없어요. 꿈은 불행한 사람들이 행복하기 위해 필요한 거죠! 난 이미 행복하니까 꿈 따윈 필요 없어요. 뭐, 내가 불행해지면 꿈이 생길지도 모르겠네요."

"꿈이 없어서 불행한 게 아니라, 꿈이 필요하면 불행하다는 건가?"

"뭐, 그런 셈이죠."

"꿈이 없는걸, 그런 식으로 합리화하면 안 되지!"

"꿈이 있어야만 살 수 있는 사람도 있겠지만, 꿈이 없어도 충분히 행복하게 살 수 있는 사람도 있는 거예요!"

"꿈이 없이 어떻게 행복할 수 있단 말인가? 살아 있는 모든 인간은 꿈이 있어야만 하는 거야!"

"꿈이 있는 사람이 행복한 게 아니라, 행복하기 때문에 꿈이 가치가 있는 거예요! 만약 꿈이라고 생각했던 걸 이뤄도 전혀 행복하지 않다면, 꿈은 아무런 가치도 없어요! 꿈 때문에 스트레스 받고 고통스럽다면, 꿈 없이 행복한 편을 선택하는 게 현명한 거예요!"

"솔직히 말해 보게. 정말 꿈이 없어서 행복한가?"

"꿈이 없다고 불행할 필요는 없잖아요! 저는 자유롭게 여행하듯 살다가 돈이 떨어질 때마다 이것저것 경험해 보면서, 하루하루 만족하고 감사하면서 행복하게 살고 있어요. 이렇게 살다가 어느 날 갑자기 꿈이 찾아오면, 그때부터 노력하면 되는 거죠."

"사람은 목표가 있어야만, 행동할 수 있는 거네! 꿈을 먼저 찾아보게! 꿈을 찾으면 절대로 포기하지 말고 죽어라 노력해야만 하는 거야! 당장 꿈이 없다면, 노후를 위해 돈이라도 열심히 모아야지! 언제까지 그렇게 한심하게 살려고 그러나?"

"꿈이 없는 건 잘못된 게 아니에요! 꿈이 없어서 불행한 게 잘못된 거지! 내가 사는 세상에는 돈보다 더 중요한 것들이 많아요! 그래서 억지로 꿈을 찾으려는 노력은 불행해지려고 노력하는 것과 같은 거예요!"

*꿈

"자네하고는 답답해서 도무지 말이 안 통하는군!"

우리의 꿈에 대한 대화는 주문한 음식이 나오면서 끝났다.

살아가는 세계가 다르고 가치관이 다르다는 걸 인정하지 못하고, 자기 기준에서 만 생각하는 교수님과 자신이 원하는 사람이 아닌 부모가 원하는 사람이 되려고 하는 아들.
돈과 전혀 관련 없는 것들만 하고 싶어 하고, 꿈꾸는 테리.
꿈이 있든 없든 불행한 사람들은 전부다 똑같이 불행할 뿐이라며, 인생은 각자 자기만의 방식으로 행복하게 살면 된다고 말하는 꿈이 없는 프라카쉬.

이 중에서 여유롭고 행복해 보이는 여행자는 프라카쉬뿐이었다.

교수님과 아들이 식사를 마치고 나간 뒤에 나는 프라카쉬와 맥주 한 잔 하면서 많은 대화를 나눴다. 그런 대화가 너무 좋아서 프라카쉬가 했던 말들을 내가 찍은 사진들과 엮어서 하나의 글로 만들었다. "힘들게 살지 마세요"라는 제목의 비현실적인 글이지만, 프라카쉬가 생각날 때면 가끔씩 읽어 보곤 한다. 이런 걸 써 놓고도 나는 사는 게 왜 이리 우울하고 힘든지 모르겠다. 프라카쉬는 정말로 사는 게 힘들지 않은 걸까? 분명 그럴 리가 없다는 걸 알지만, 프라카쉬를 사기꾼으로 생각하고 싶지는 않다.

힘들게 살지 마세요

아직 젊다면 고생하지 마세요.
젊어 고생은 늙어서 불행해지는 지름길입니다.

젊어서 고생에 길들여지면 편안한 삶에서 불안과 두려움을 느끼게 됩니다.
고생하지 않고 성공할 수 있는 지름길을 찾아보세요.

*꿈

무거운 꿈을 이루기 위해 고통을 극복하고 성공하려 하지 마세요.

무거운 꿈을 꾸면 삶의 무게도 무거워집니다.
가벼운 꿈을 꾸면 인생이 자유롭고 가벼워집니다.

노력해서 고통을 극복한다고 성공이 보장되지는 않습니다.
고통을 견뎌 내면 행복이 찾아오는 것도 아닙니다.
오히려 행복이 두려워집니다.

가급적 고통을 피하세요.

고통과 싸울수록 불행해집니다.
고통은 피해야만 행복해질 수 있습니다.

고생이나 고통은 살다 보면 원하지 않아도 알아서들 잘 찾아옵니다.
그 정도면 충분합니다. 나머지는 모두 피하세요.

고통을 극복하고 성공한다고 해도 행복해질 수는 없습니다.

고통에 익숙해진 사람은 고통 받을 때 가장 편안함을 느끼고,
행복이 찾아오면 불안에 떨며 행복을 즐기지 못하기 때문이죠.

고통을 극복하려 노력할 시간에
고통을 피할 수 있는 편한 길을 찾아보세요.

사랑도 고통을 준다면 버리세요.
사랑이 주는 고통은 불행을 줄 뿐 행복을 주지는 않습니다.
상대방을 위해 희생하고 인내하는 것보다 불행한 삶은 없습니다.
그런 사랑에 길들여지면, 계속 그런 사랑만 하게 됩니다.

타인이 아닌 자신을 사랑하며,
자신이 원하고 바라는 모습으로 행복하게 살아갈 때
비로소 진정한 사랑이 찾아올 수 있습니다.

고통에 길들여지지 않은 사람은 두려움 없이 작은 행복도 발견하고,
불안함 없이 현재를 즐기는 행복한 사람이 될 수 있습니다.

*꿈

인터뷰

"안녕하세요, 테리입니다."

"테리라는 이름을 사용하는 방동훈 씨의 본명은 무엇인가요?"

"이미, 알고 계신 것 같네요!"

"테리라는 흔한 이름을 사용하시는 이유가 무엇이죠? 혹시 테리우스? 변태리?"

"아뇨, 제가 좀 미스테리한 인간이어서 테리라고…….."

"미스테리가 아니라, 미스터리 아닌가요?"

"그럼, '터리'라고 불러 주세요."

"여행은 얼마나 하셨나요?"

"오래."

"여행을 시작하게 된 계기는 무엇인가요?"

"그냥."

"나이는?"

"남자의 나이는 묻는 게 아닙니다."

"책제목이 여행수업인 이유는 뭔가요?"

"수업이라는 단어가 들어간 책이 1등을 자주 하기에……."

"표지와 책 속의 모든 사진들은 본인이 다 찍으신 건가요?"

"네."

"카메라는 어떤 걸 사용하세요?"

"값싸고, 후진 보급형 카메라."

"자신이 어떤 사람이라고 생각하세요?"

"잉여인간."

"여행하기 전에는 무엇을 하셨나요?"

"잉여인간이었습니다."

"인터뷰에 너무 소극적이신데요, 비밀이 많으신 이유가 뭔가요?"

"내세울 게 별로 없어서……."

"좀 더 솔직하고, 당당한 모습으로 인터뷰에 응해 주시기를 부탁드립니다."

"네."

"〈여행 수업〉을 읽다 보면 신기한 사람들을 많이 만난 것 같은데요, 그들과의 대화는 어떤 식으로 하셨나요?"

"저는 영어뿐만 아니라, 힌디, 태국어 등 다양한 국가들의 언어들은 물론이고, 한국말조차도 잘못합니다."

"책 속의 이야기들은 본인의 실제 경험담인가요?"

"실제로 경험하고, 발생한 사건, 정확한 정보와 사진들에, 다양한 재료와 양념을 뿌렸습니다."

"팩션 여행기라고 보면 될 거 같네요. 참고하신 책들은요?"

"제 머릿속은 폭탄이 떨어진 도서관과 같습니다."

"여행을 통해 배운 게 있다면?"

"그걸 책 속에 적었습니다."

"여행수업 2도 나오는지?"

"이 책이 잘 팔려야 나옵니다."

"얼마나 팔릴 것 같나요?"

"500만 권"

"끝으로 하실 말씀은?"

"안녕히 계세요."